점프
왕수학
최상위 5%
도약을 위한
최상위

점프 왕수학

최상위 5%
도약을 위한

최상위

구성과 특징

왕수학의 특징

1. 왕수학 개념+연산 → 왕수학 기본 → 왕수학 실력 → 점프 왕수학 최상위 순으로 단계별 · 난이도별 학습이 가능합니다.
2. **2022 개정교육과정 100%** 반영하였습니다.
3. 기본 **개념** 정리와 개념을 익히는 **기본문제를 수록하였습니다.**
4. 문제 해결력을 키우는 다양한 **창의사고력 문제**를 수록하였습니다.
5. 논리력 향상을 위한 **서술형 문제**를 강화하였습니다.

STEP 3

왕문제

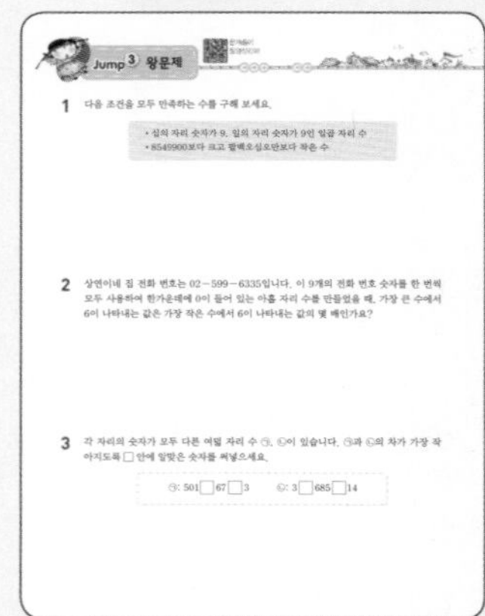

교과 내용 또는 교과서 밖에서 다루어지는 새로운 유형의 문제들을 폭넓게 다루어 교내의 각종 시험 및 경시대회에 대비하도록 하였습니다.

STEP 2

핵심응용하기

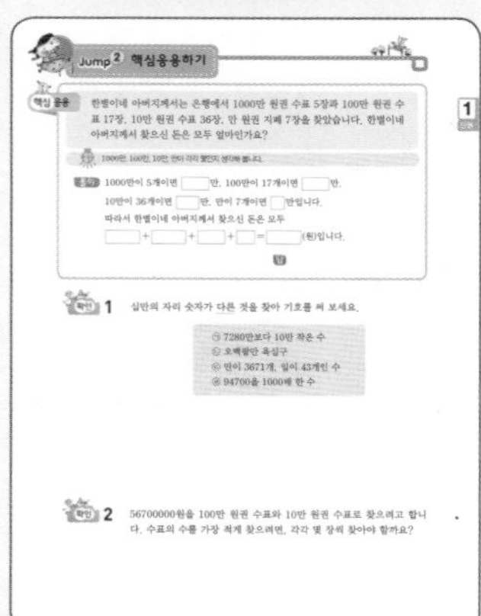

단원의 대표 유형 문제를 뽑아 풀이에 맞게 풀어 본 후, 확인 문제로 대표적인 유형을 확실하게 정복할 수 있도록 하였습니다.

STEP 1

핵심알기

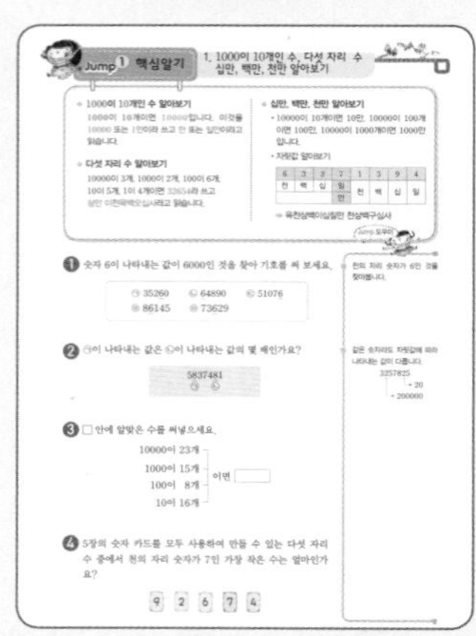

단원의 핵심 내용을 요약한 뒤 각 단원에 직접 연관된 정통적인 문제와 기본 원리를 묻는 문제들로 구성하고 'Jump 도우미'를 주어 기초를 확실하게 다지도록 하였습니다.

응용
왕수학

STEP 5

영재교육원 입시대비문제

영재교육원 입시에 대한 기출 문제를 비교 분석한 후 꼭 필요한 문제들을 정리하여 풀어 봄으로써 실전과 같은 연습을 통해 학생들의 창의사고력을 향상시켜 실제 문제에 대비할 수 있게 하였습니다.

STEP 4

왕중왕문제

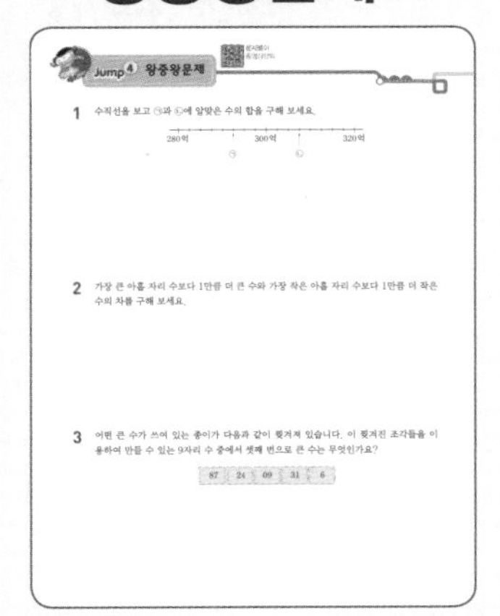

국내 최고 수준의 고난도 문제들 특히 문제 해결력 수준을 평가할 수 있는 양질의 문제만을 엄선하여 전국 경시대회, 세계 수학 올림피아드 등 수준 높은 대회에 나가서도 두려움 없이 문제를 풀 수 있게 하였습니다.

차례 | Contents

단원 1

큰 수

1. 1000이 10개인 수, 다섯 자리 수 십만, 백만, 천만 알아보기
2. 억, 조 알아보기
3. 뛰어 세기, 수의 크기 비교하기

이야기 수학

'아라비아 숫자'는 누가 만들었을까요?

우리가 수학 시간에 쓰는 '1, 2, 3, 4, 5, …'는 바로 '아라비아 숫자'라고 부릅니다. 그러면 이 숫자는 어느 나라 사람들이 처음으로 만들었을까요?
'아라비아 숫자'라고 부르고 있는 이 숫자를 처음으로 만든 것은 인도 사람들입니다.
아라비아 숫자는 수학 시간뿐 아니라 은행이나 어머니의 가계부에도 늘 쓰이고 있습니다.
쓰기에도 매우 편리한 이 아라비아 숫자는 지금으로부터 2천여 년 전에 인도 사람들이 만들어서 쓴 매우 귀중한 숫자입니다.
그런데 어째서 이 '인도의 숫자'를 '아라비아 숫자'라고 부르는 것일까요? 거기에는 다음과 같은 이유가 있습니다. 인도에 드나들었던 아라비아 상인들이 이 인도의 숫자를 배워서 그것을 12세기경 유럽에 가서 사용했는데 유럽 사람들이 그 숫자를 보고 '아라비아 숫자'라고 부르게 된 것입니다.

1. 1000이 10개인 수, 다섯 자리 수 십만, 백만, 천만 알아보기

❖ **1000이 10개인 수 알아보기**

1000이 10개이면 10000입니다. 이것을 10000 또는 1만이라 쓰고 만 또는 일만이라고 읽습니다.

❖ **다섯 자리 수 알아보기**

10000이 3개, 1000이 2개, 100이 6개, 10이 5개, 1이 4개이면 32654라 쓰고 삼만 이천육백오십사라고 읽습니다.

❖ **십만, 백만, 천만 알아보기**

• 10000이 10개이면 10만, 10000이 100개이면 100만, 10000이 1000개이면 1000만입니다.

• 자릿값 알아보기

6	3	2	7	1	3	9	4
천	백	십	일	천	백	십	일
			만				

➡ 육천삼백이십칠만 천삼백구십사

1 숫자 6이 나타내는 값이 6000인 것을 찾아 기호를 써 보세요.

㉠ 35260 ㉡ 64890 ㉢ 51076
㉣ 86145 ㉤ 73629

★ 천의 자리 숫자가 6인 것을 찾아봅니다.

2 ㉠이 나타내는 값은 ㉡이 나타내는 값의 몇 배인가요?

5837481 (㉠: 8, ㉡: 8)

★ 같은 숫자라도 자릿값에 따라 나타내는 값이 다릅니다.
3257825
→ 20
→ 200000

3 □ 안에 알맞은 수를 써넣으세요.

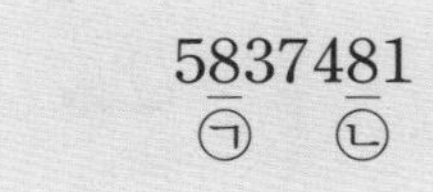

10000이 23개
1000이 15개
100이 8개
10이 16개
이면 □

4 5장의 숫자 카드를 모두 사용하여 만들 수 있는 다섯 자리 수 중에서 천의 자리 숫자가 7인 가장 작은 수는 얼마인가요?

Jump 2 핵심응용하기

핵심 응용

한별이네 아버지께서는 은행에서 1000만 원권 수표 5장과 100만 원권 수표 17장, 10만 원권 수표 36장, 만 원권 지폐 7장을 찾았습니다. 한별이네 아버지께서 찾으신 돈은 모두 얼마인가요?

생각열기 1000만, 100만, 10만, 만이 각각 몇인지 생각해 봅니다.

풀이 1000만이 5개이면 ☐만, 100만이 17개이면 ☐만,
10만이 36개이면 ☐만, 만이 7개이면 ☐만입니다.
따라서 한별이네 아버지께서 찾으신 돈은 모두
☐+☐+☐+☐=☐(원)입니다.

답 ________________

확인 1 십만의 자리 숫자가 다른 것을 찾아 기호를 써 보세요.

㉠ 7280만보다 10만 작은 수
㉡ 오백팔만 육십구
㉢ 만이 3671개, 일이 43개인 수
㉣ 94700을 1000배 한 수

확인 2 56700000원을 100만 원권 수표와 10만 원권 수표로 찾으려고 합니다. 수표의 수를 가장 적게 찾으려면, 각각 몇 장씩 찾아야 할까요?

Jump 1 핵심알기 2. 억, 조 알아보기

❖ **억 알아보기**

- 1000만이 10개이면 100000000 또는 1억이라 쓰고 억 또는 일억이라고 읽습니다.
- 자릿값 알아보기

3	4	6	7	2	0	4	8	3	4	3	5
천	백	십	일	천	백	십	일	천	백	십	일
			억				만				

➡ 삼천사백육십칠억 이천사십팔만 삼천사백삼십오

❖ **조 알아보기**

- 1000억이 10개이면 1000000000000 또는 1조라 쓰고 조 또는 일조라고 읽습니다.
- 자릿값 알아보기

4	3	2	5	0	0	0	0	0	0	0	0	0	0
	일	천	백	십	일	천	백	십	일	천	백	십	일
	조				억				만				

➡ 사십삼조 이천오백억

1 수를 보고 □ 안에 알맞은 수나 말을 써넣으세요.

742650413689

(1) 억이 □개, 만이 □개, 일이 □개인 수입니다.

(2) 7은 □의 자리 숫자이고 □을 나타냅니다.

(3) 십만의 자리 숫자는 □이고 □을 나타냅니다.

2 다음 수에서 십억의 자리 숫자가 나타내는 값은 만의 자리 숫자가 나타내는 값의 몇 배인가요?

862355710087

3 백억이 37개, 억이 52개, 십만이 44개인 수를 숫자로 나타낼 때, 0은 모두 몇 개인가요?

★ 숫자로 나타낸 다음 0의 개수를 세어 봅니다.

4 빛이 1년 동안 갈 수 있는 거리를 1광년이라고 합니다. 1광년은 9조 4670억 7782만 km입니다. 10광년을 km 단위로 나타냈을 때, 숫자 9가 나타내는 값은 얼마인가요?

Jump 2 핵심응용하기

핵심 응용

0부터 9까지의 숫자를 모두 사용하여 만들 수 있는 10자리 수 중에서 일억의 자리 숫자가 7인 세 번째로 큰 수와 일억의 자리 숫자가 8인 세 번째로 작은 수를 구해 보세요.

생각열기 가장 큰 수를 이용하여 세 번째로 큰 수, 가장 작은 수를 이용하여 세 번째로 작은 수를 찾습니다.

풀이 일억의 자리 숫자가 7인 가장 큰 수는 ☐이므로 두 번째로 큰 수는 ☐이고 세 번째로 큰 수는 ☐입니다.

일억의 자리 숫자가 8인 가장 작은 수는 ☐이므로 두 번째로 작은 수는 ☐이고 세 번째로 작은 수는 ☐입니다.

답 ____________

확인 1 태양에서 천왕성까지의 거리는 28억 7000만 km입니다. 태양에서 천왕성까지의 거리는 길이가 1 m인 자를 몇 개 늘어놓은 것과 같은가요?

확인 2 태양에서의 거리가 다음과 같을 때, 태양에서 해왕성까지의 거리는 태양에서 지구까지의 거리의 몇 배인가요?

3. 뛰어 세기, 수의 크기 비교하기

❖ 뛰어 세기

• 10000씩 뛰어 세기
10000씩 뛰어 세기 한 수는 만의 자리 숫자가 1씩 커집니다.

25000 — 35000 — 45000 — 55000 — 65000 — 75000

• 100000씩 뛰어 세기
100000씩 뛰어 세기 한 수는 십만의 자리 숫자가 1씩 커집니다.

340000 — 440000 — 540000 — 640000 — 740000 — 840000

❖ 수의 크기 비교하기

• 자리 수가 다를 때에는 자릿수가 많은 쪽이 더 큰 수입니다.

$\underset{6자리}{362474} < \underset{8자리}{36240576}$

• 자리 수가 같으면 높은 자리 숫자부터 차례로 비교합니다.

$8562843 < 9062835$
$8 < 9$

$4626687 > 4624967$
$6 > 4$

1 빈 곳에 알맞은 수를 써넣으세요.

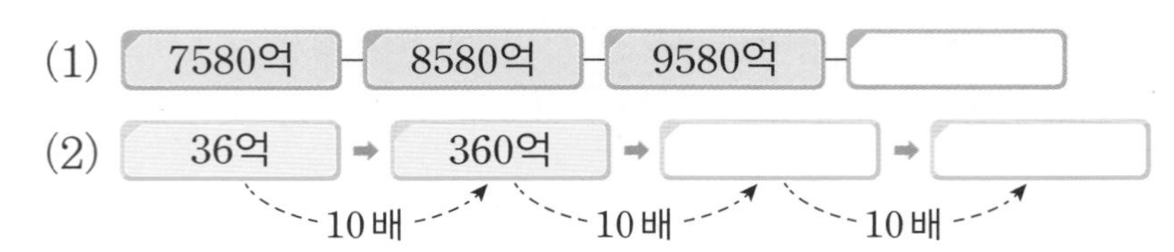

☆ 어느 자리 숫자가 얼마만큼씩 커졌는지 규칙을 찾습니다.

2 두 수의 크기를 비교하여 ○ 안에 >, =, <를 알맞게 써넣으세요.

억이 406개, 만이 27개인 수 ◯ 406000270502

3 0부터 9까지의 숫자 중에서 □ 안에 들어갈 수 있는 숫자를 모두 써 보세요.

$6409745321732 < 6409\square51427984$

☆ 먼저 자리 수를 세어 봅니다.

4 1조 3800억에서 100억씩 큰 쪽으로 9번 뛰어서 센 수는 얼마인가요?

Jump 2 핵심응용하기

핵심 응용 가장 큰 수부터 차례로 기호를 써 보세요.

㉠ 0부터 9까지의 숫자를 모두 사용하여 만든 가장 큰 수
㉡ 8과 0을 각각 5개씩 사용하여 만든 가장 큰 수
㉢ 억이 100개, 일이 3456개인 수
㉣ 만이 9500개, 일이 9999개인 수

생각열기 큰 수의 크기를 비교할 때는 먼저 자리 수를 비교한 후 자릿수가 같을 때에는 높은 자리 숫자부터 차례로 비교합니다.

풀이 ㉠에 알맞은 수: ☐, ㉡에 알맞은 수: ☐

㉢에 알맞은 수: ☐, ㉣에 알맞은 수: ☐

가장 큰 수는 자리 수가 ☐자리인 ☐이고 가장 작은 수는 자리 수가 ☐자리인 ☐입니다. ㉠과 ㉡은 각각 ☐자리로 자리 수는 같지만 가장 높은 자리의 숫자가 큰 ☐이 큰 수입니다.

따라서 가장 큰 수부터 차례로 기호를 쓰면 ☐, ☐, ☐, ☐입니다.

답 ____________

확인 1 0부터 9까지의 숫자를 모두 사용하여 10자리 수를 만들었을 때, 9876543102보다 큰 수는 모두 몇 개인가요?

확인 2 ㉠과 ㉡의 ☐ 안에 공통으로 들어갈 수 있는 숫자를 모두 써 보세요.

㉠ 16432568<16☐28563
㉡ 16☐28563<16809521

1 다음 조건을 모두 만족하는 수를 구해 보세요.

- 십의 자리 숫자가 9, 일의 자리 숫자가 9인 일곱 자리 수
- 8549900보다 크고 팔백오십오만보다 작은 수

2 상연이네 집 전화 번호는 02−599−6335입니다. 이 9개의 전화 번호 숫자를 한 번씩 모두 사용하여 한가운데에 0이 들어 있는 아홉 자리 수를 만들었을 때, 가장 큰 수에서 6이 나타내는 값은 가장 작은 수에서 6이 나타내는 값의 몇 배인가요?

3 각 자리의 숫자가 모두 다른 여덟 자리 수 ㉠, ㉡이 있습니다. ㉠과 ㉡의 차가 가장 작아지도록 □ 안에 알맞은 숫자를 써넣으세요.

㉠: 501□67□3   ㉡: 3□685□14

4 1부터 9까지의 숫자를 모두 사용하여 만들 수 있는 아홉 자리 수 중 천만의 자리와 일의 자리 숫자가 3으로 나누어떨어지는 가장 큰 수를 구해 보세요.

5 1, 2, 3, 4, 5, 6, 7, 8, 9 9장의 숫자 카드를 모두 사용하여 수를 만들었을 때, 7억에 가장 가까운 수는 얼마인가요?

6 보기 와 같은 규칙으로 빈 곳에 알맞은 수를 써넣으세요.

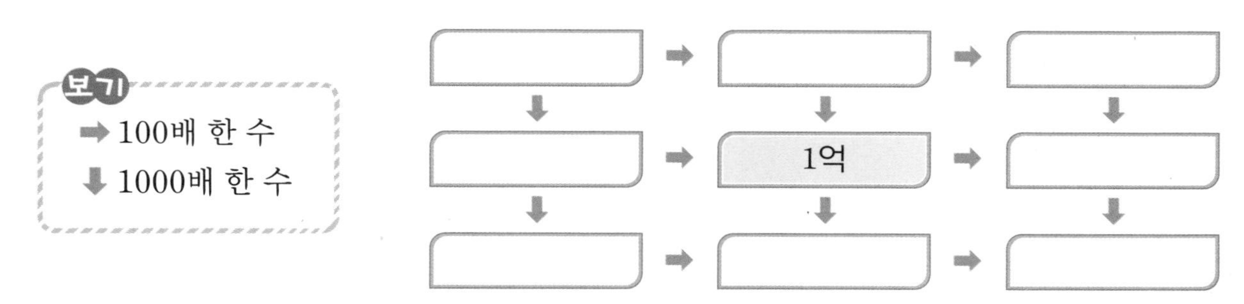

7 □ 안에 어떤 숫자라도 넣을 수 있습니다. 수의 크기를 비교하여 가장 큰 수부터 차례로 기호를 써 보세요.

㉠ 7□95□465	㉡ 5□4□846□5
㉢ 8945□77□	㉣ 8□3□957□

8 다음 조건에 알맞은 수 중에서 가장 큰 수를 구해 보세요.

- 10자리 수입니다.
- 십억의 자리 숫자는 일의 자리 숫자의 3배인 수입니다.
- 숫자 0의 개수는 6개입니다.

9 3, 0, 5, 6, 9의 숫자를 각각 3번까지 사용하여 만들 수 있는 13자리 수 중에서 셋째 번으로 큰 수보다 10000 큰 수를 구해 보세요.

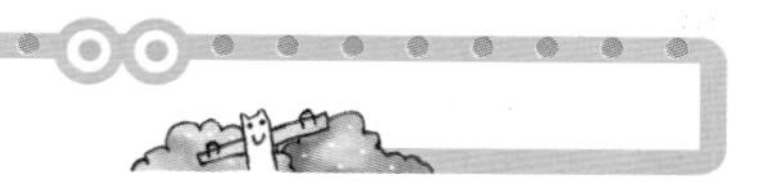

10 용희가 뛰어 센 규칙대로 예슬이도 뛰어 세기를 하였습니다. 빈 곳에 알맞은 수를 써넣으세요.

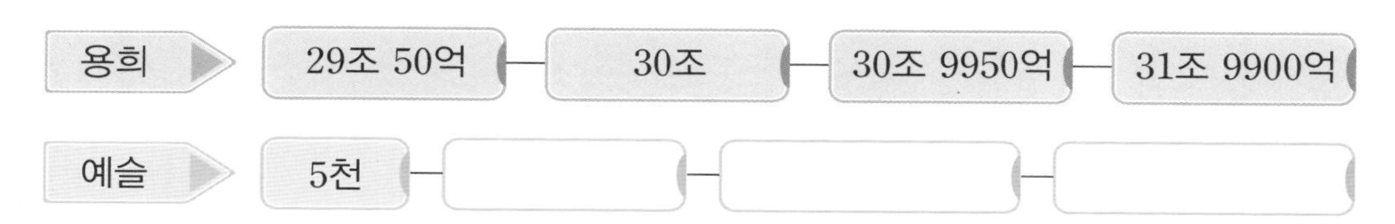

11 주어진 숫자 카드 5장을 모두 사용하여 다섯 자리 수를 만들 때, 만들 수 있는 가장 큰 수와 가장 작은 수의 합은 117107입니다. ㉠에 알맞은 숫자를 구해 보세요. (단, 숫자 카드의 숫자는 모두 다른 숫자입니다.)

12 다음 조건을 모두 만족하는 수 중에서 가장 큰 수를 구해 보세요.

- 4부터 8까지의 숫자를 2번씩 사용하여 만든 10자리 수
- 십억의 자리 숫자는 7이고, 천만의 자리 숫자는 6인 수
- 십만의 자리 숫자가 일의 자리 숫자의 2배인 수

13 어느 나라의 작년 예산은 63조 5468억 원입니다. 이 나라의 올해 예산이 70조 원이라면, 작년보다 얼마 더 늘어난 것인가요?

14 다음 조건을 모두 만족하는 수를 숫자로 써 보세요.

> ① 12자리 수입니다.
> ② 3520억 8000만보다 작습니다.
> ③ ①과 ②를 만족하는 수 중에서 가장 큰 수입니다.

15 뛰어 세기 한 규칙을 찾아 빈 곳에 알맞은 수를 써넣으세요.

3조 5500억				8조 7500억

16 천만 원권 수표 6장, 백만 원권 수표 55장, 십만 원권 수표 43장이 있습니다. 만 원권 몇 장을 더하여 1억 2천만 원을 만들려면, 만 원권은 몇 장 필요한가요?

17 7장의 숫자 카드를 모두 사용하여 가장 작은 일곱 자리 수를 만들었습니다. 이 수의 10000배인 수에서 숫자 4가 나타내는 값은 얼마인가요?

18 100조보다 1111 작은 수를 나타낼 때, 숫자 9는 모두 몇 번 써야 할까요?

1 수직선을 보고 ㉠과 ㉡에 알맞은 수의 합을 구해 보세요.

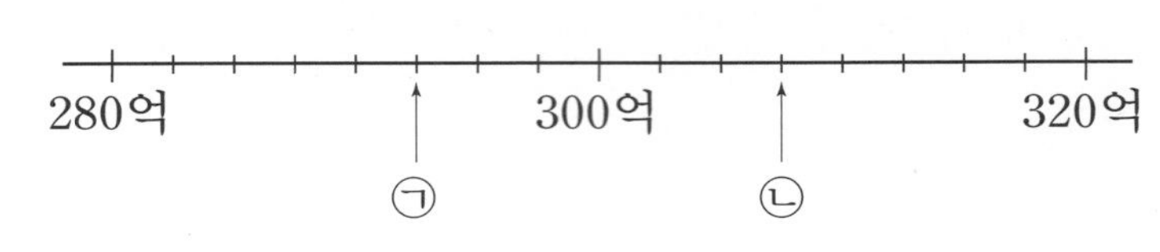

2 가장 큰 아홉 자리 수보다 1만큼 더 큰 수와 가장 작은 아홉 자리 수보다 1만큼 더 작은 수의 차를 구해 보세요.

3 어떤 큰 수가 쓰여 있는 종이가 다음과 같이 찢겨져 있습니다. 이 찢겨진 조각들을 이용하여 만들 수 있는 9자리 수 중에서 셋째 번으로 큰 수는 무엇인가요?

87 | 24 | 09 | 31 | 6

4 5장의 숫자 카드 중 한 장이 뒤집혀져 있습니다. 이 5장의 숫자 카드를 두 번씩 사용하여 10자리 수를 만들 때 가장 큰 수와 가장 작은 수의 차는 5752996623입니다. 만들 수 있는 네 번째로 작은 수를 구했을 때, ㉠+㉡+㉢+㉣의 합을 구해 보세요.

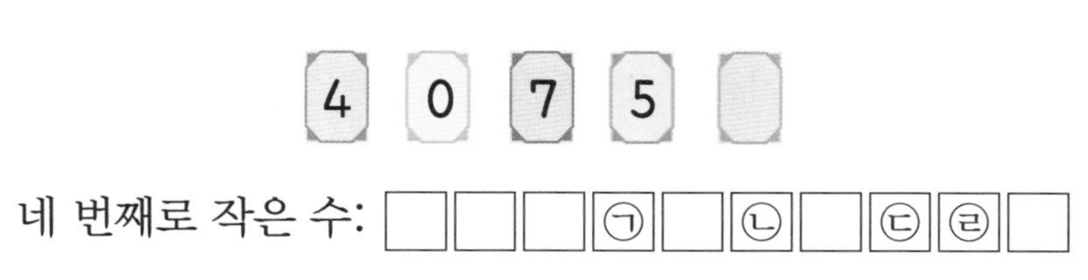

네 번째로 작은 수: □□□㉠□㉡□㉢㉣□

5 다음은 어떤 수인가요?

㉠ 숫자 카드 1, 3, 7, 6, 8, 0, 2, 9 를 모두 사용하여 만든 8자리 수입니다.
㉡ 68720000보다 크고 68790000보다 작은 수입니다.
㉢ 일의 자리 숫자는 만의 자리 숫자의 3배, 천의 자리 숫자는 십의 자리 숫자의 2배입니다.

6 다음 식의 값에서 만의 자리 숫자는 무엇인가요?

$$8+88+888+8888+\cdots+888888888888$$

7 다음 조건을 모두 만족하는 자연수는 몇 개인가요?

㉠ 5600억보다 크고 5700억보다 작은 수
㉡ 각 자리의 숫자의 합이 30인 수
㉢ 천 만의 자리의 숫자와 일억의 자리의 숫자가 각각 9인 수

8 0부터 9까지의 숫자를 한 번씩 모두 사용하여 만들 수 있는 10자리 수 중에서 30억에 가장 가까운 수와 두 번째로 가까운 수의 차를 구해 보세요.

9 가장 큰 수부터 차례대로 쓴 것입니다. ㉠과 ㉡에 들어갈 수 있는 숫자의 개수의 합을 구해 보세요.

857325416 − 85㉠529735 − 855418266 − 85541823㉡

10 4300만에서 몇씩 여러 번 뛰어 세었더니 5650만이 되었습니다. 4300만과 5650만 사이에 있는 수가 모두 8개라면, 몇씩 뛰어 센 것인가요?

11 123748보다 크고 124017보다 작은 자연수 중에서 십의 자리 숫자와 백의 자리 숫자가 같은 수는 모두 몇 개인가요?

12 1부터 100까지의 수를 차례로 써서 큰 수 123456789101112…9899100을 만들었습니다. 이 수에서 100개의 숫자를 지워서 만들 수 있는 가장 큰 수를 ㉠이라고 할 때, ㉠에는 숫자 6이 모두 몇 개 있는지 구해 보세요.

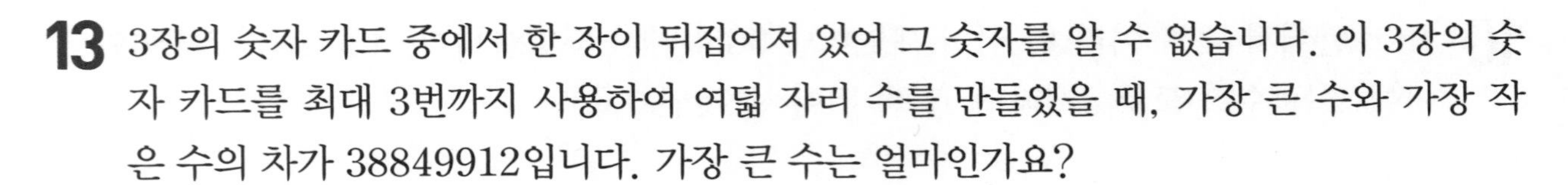

13 3장의 숫자 카드 중에서 한 장이 뒤집어져 있어 그 숫자를 알 수 없습니다. 이 3장의 숫자 카드를 최대 3번까지 사용하여 여덟 자리 수를 만들었을 때, 가장 큰 수와 가장 작은 수의 차가 38849912입니다. 가장 큰 수는 얼마인가요?

14 세 조건을 모두 만족하는 자연수는 모두 몇 개인가요?

- 89571000000보다 작습니다.
- 팔백구십오억 칠천만보다 큽니다.
- 일의 자리, 십의 자리, 백의 자리, 천의 자리, 만의 자리 숫자가 모두 9입니다

15 다음 일곱 자리 수와 이 수를 거꾸로 써서 만든 수와의 합을 구한 후 나온 합의 각 자리 숫자를 더했을 때, 그 합이 가장 크게 되도록 하려고 합니다. □ 안에 알맞은 숫자를 써넣으세요.

24□0831

16 다음과 같이 뛰어 세기를 하였을 때, 백만에 가장 가까운 수를 구해 보세요.

128900 − 153900 − 178900 − ...

17 0에서 9까지의 숫자 중에서 9개의 숫자를 한 번씩만 사용하여 만의 자리 숫자가 9인 아홉 자리 수를 만들려고 합니다. 만들 수 있는 가장 큰 수에서 숫자 6이 나타내는 값은 가장 작은 수에서 숫자 6이 나타내는 값의 몇 배인가요?

18 200000보다 크고 300000보다 작은 여섯 자리 수가 있습니다. 이 수의 십만의 자리 숫자를 일의 자리로 옮기고 한 자리씩 올려서 만든 여섯 자리 수는 처음 수의 3배가 됩니다. 처음 수를 구해 보세요.

Jump 5 영재교육원 입시대비문제

1 4장의 숫자 카드를 모두 사용하여 만들 수 있는 네 자리 수들의 합을 구해 보세요.

3 5 6 8

2 다음과 같이 수를 어떤 규칙에 따라 늘어놓았습니다. 1048576이 20번째 수라고 할 때 처음부터 20번째 수까지의 합을 구해 보세요.

$$2+4+8+16+32+\cdots+524288+1048576$$

단원 2 각도

1 각의 크기 비교, 각의 크기 재기

2 각을 크기에 따라 분류하기

3 각의 크기 어림하기, 각도의 합과 차 구하기

4 삼각형의 세 각의 크기의 합 알아보기

5 사각형의 네 각의 크기의 합 알아보기

각을 나타내는 기호(∠)

각을 나타낼 때는 기호 ∠를 사용합니다. 기호 ∠는 1644년에 프랑스의 수학자 에리곤데가 처음으로 사용하였습니다. 처음에는 < 라는 기호로 사용하였지만 크기를 나타내는 해리엇의 부등호 >, <와 혼동을 피하기 위해 기호 < 가 점차 사라지고 기호 ∠로 정착되었습니다. 그러나 기호 ∠가 정착되기까지는 다른 기호로 사용되었는데 ∠∠, ㄱ, ∧도 사용되었고 ∡, ⊿도 사용되었으나 1657년 오우트레드가 기호 ∠를 다시 사용한 이래 일반화되어 현재에 이르고 있습니다.

삼각형을 나타는 기호(△)

삼각형을 나타낼 때는 기호 △를 사용합니다. 이를테면, 선분 AB, 선분 BC, 선분 CA로 둘러싸인 삼각형 ABC를 기호로 △ABC로 나타냅니다. 삼각형을 나타내기 위한 목적으로 헤론이 150년에 약간 비뚤어진 모양의 삼각형을 기호로 사용하였고 4세기경에 파푸스(Pappus)도 ▽, △을 삼각형 기호로 사용한 적이 있습니다. 그러나 오늘날의 기호는 1805년에 카노트(Carnot, 1753～1823)가 사용한 기호 △ABC와 거의 같습니다.

1. 각의 크기 비교, 각의 크기 재기

❖ 각의 크기 비교

- 각의 크기를 직접 비교하기
- 투명 종이를 사용하여 간접 비교하기

❖ 각도의 뜻과 각의 단위

- 각의 크기를 각도라고 합니다.
- 각의 크기를 나타내는 단위는 도입니다.
- 직각을 똑같이 90으로 나눈 하나를 1도라 하고 1°라고 씁니다.
- 직각은 90°입니다.

❖ 각의 크기 재기

① 꼭짓점 ㄴ에 각도기의 중심을 맞춥니다.
② 각도기의 밑금을 변 ㄴㄷ에 맞춥니다.
③ 변 ㄱㄴ이 닿은 각도기의 눈금을 읽습니다.

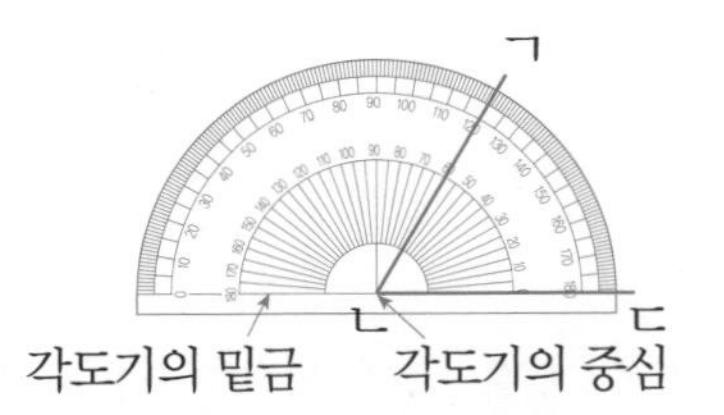

★ 각의 크기는 그려진 변의 길이와 관계없이 두 변의 벌어진 정도에 따라 달라집니다.

1 각의 크기가 가장 큰 것을 찾아 기호를 써 보세요.

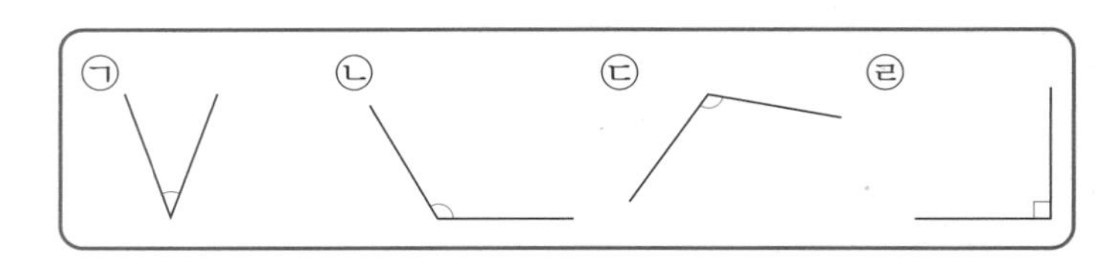

2 각도를 읽어 보세요.

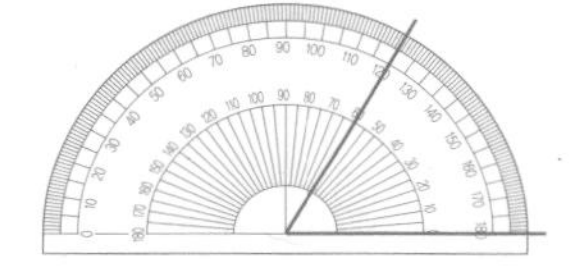

3 각도기를 사용하여 각도를 재어 보세요.

(1) 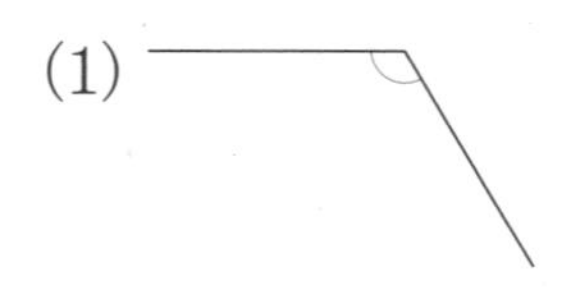

(2) 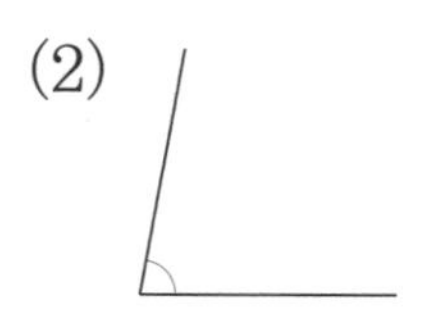

4 오른쪽 그림은 180°를 똑같이 6부분으로 나눈 것입니다. 각 ㄱㅇㅁ의 크기는 각 ㄱㅇㄷ의 크기의 몇 배인가요?

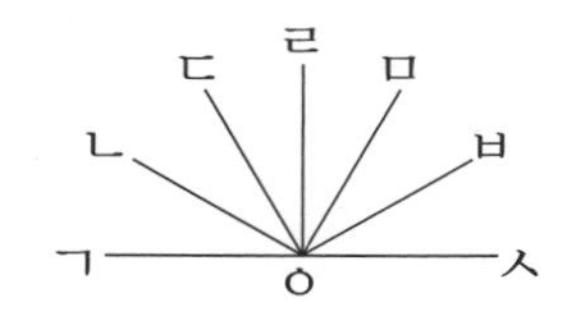

핵심 응용

하루 24시간 중 시계의 긴바늘과 짧은바늘이 이루는 작은 쪽의 각이 직각을 이루는 때는 몇 번 있을까요?

생각 열기 각각의 시간마다 시계의 시각이 직각인 때는 몇 번씩 있는지 알아봅니다.

풀이

시간	직각을 이루는 횟수	시간	직각을 이루는 횟수
0시를 지나서부터 1시까지	□번	6시를 지나서부터 7시까지	□번
1시를 지나서부터 2시까지	□번	7시를 지나서부터 8시까지	□번
2시를 지나서부터 3시까지	□번	8시를 지나서부터 9시까지	□번
3시를 지나서부터 4시까지	□번	9시를 지나서부터 10시까지	□번
4시를 지나서부터 5시까지	□번	10시를 지나서부터 11시까지	□번
5시를 지나서부터 6시까지	□번	11시를 지나서부터 12시까지	□번

오전에 시계의 긴바늘과 짧은바늘이 이루는 작은 쪽의 각이 직각인 때는 □번 있으므로 오후에도 직각인 때는 □번 있습니다. 따라서 하루에 시계의 긴바늘과 짧은바늘이 이루는 작은 쪽의 각이 직각인 때는 □번 있습니다.

답 ________

확인 1 오른쪽 그림에서 시계의 긴바늘과 짧은바늘이 이루는 작은 쪽의 각의 크기를 구해 보세요.

확인 2 오른쪽 도형에서 직각보다 크고 180°보다 작은 각은 모두 몇 개인가요?

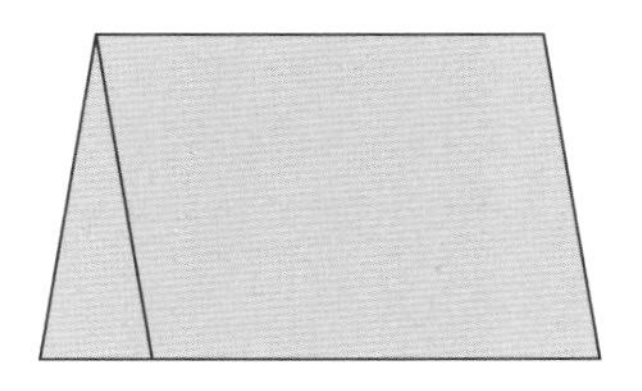

2
단원

2. 각을 크기에 따라 분류하기

❖ **각을 크기에 따라 분류하기**

• 각도가 직각보다 작은 각을 예각이라고 합니다.

• 각도가 직각보다 크고 180°보다 작은 각을 둔각이라고 합니다.

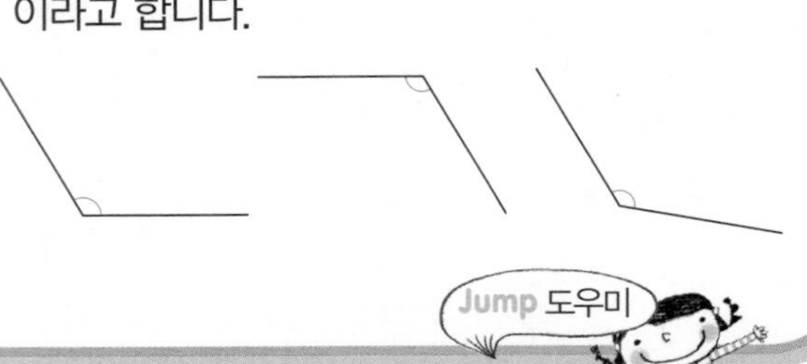

Jump 도우미

1 각을 보고 물음에 답해 보세요.

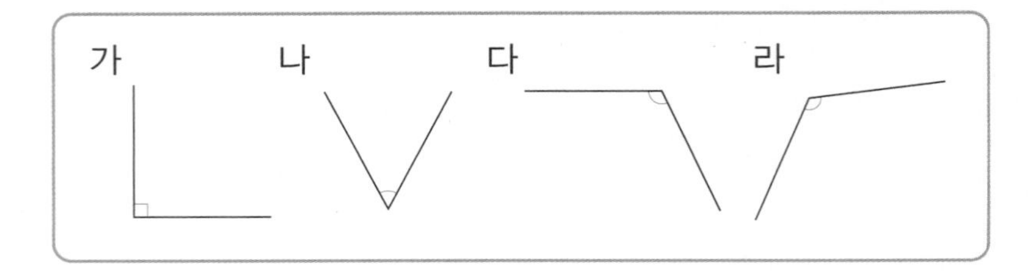

(1) 예각을 찾아 기호를 써 보세요.

(2) 직각을 찾아 기호를 써 보세요.

(3) 둔각을 모두 찾아 기호를 써 보세요.

2 주어진 시각의 두 시곗바늘이 이루는 작은 각의 크기와 관계 있는 것을 찾아 선으로 이어 보세요.

10시	•	•	예각
3시	•	•	둔각
1시 30분	•	•	직각

• 예각: 직각보다 작은 각
• 직각: 크기가 90°인 각
• 둔각: 직각보다 크고 180°보다 작은 각

3 오른쪽 그림에서 찾을 수 있는 예각에는 ㉠예, 둔각에는 ㉠둔, 직각에는 ㉠직을 써넣으세요.

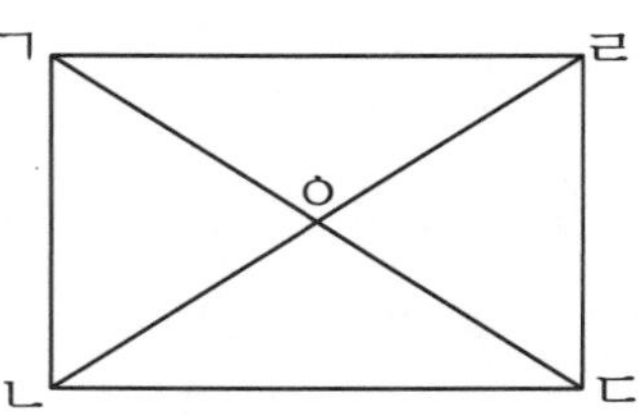

(1) 각 ㄱㅇㄹ (　　　)　(2) 각 ㄹㅇㄷ (　　　)

(3) 각 ㄱㄴㄷ (　　　)　(4) 각 ㄴㄷㅇ (　　　)

Jump 2 핵심응용하기

핵심 응용 그림에서 찾을 수 있는 예각은 둔각보다 몇 개 더 많을까요?

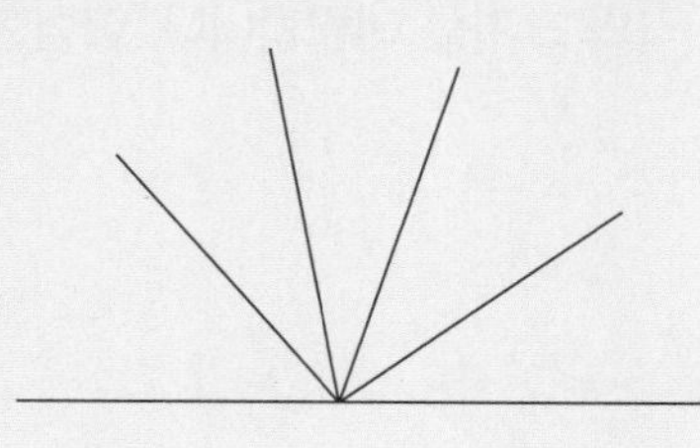

생각열기 각도가 직각보다 작은 각을 예각, 각도가 직각보다 크고 180°보다 작은 각을 둔각이라고 합니다.

풀이 각이 1개짜리인 예각은 □개, 각이 2개짜리인 예각은 □개입니다.
각이 3개짜리인 둔각은 □개, 각이 4개짜리인 둔각은 □개입니다.
따라서 예각은 □+□=□(개)이고 둔각은 □+□=□(개)이므로
예각은 둔각보다 □−□=□(개) 더 많습니다.

답 ____________

확인 1 도형에서 찾을 수 있는 180°보다 작은 각은 모두 몇 개인가요?

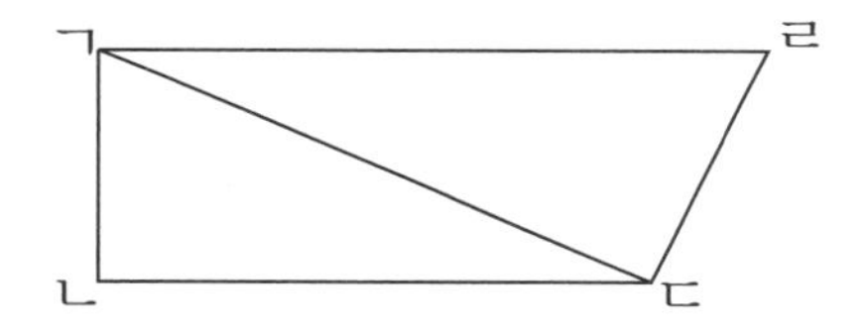

확인 2 도형에서 찾을 수 있는 둔각의 크기를 구해 보세요.

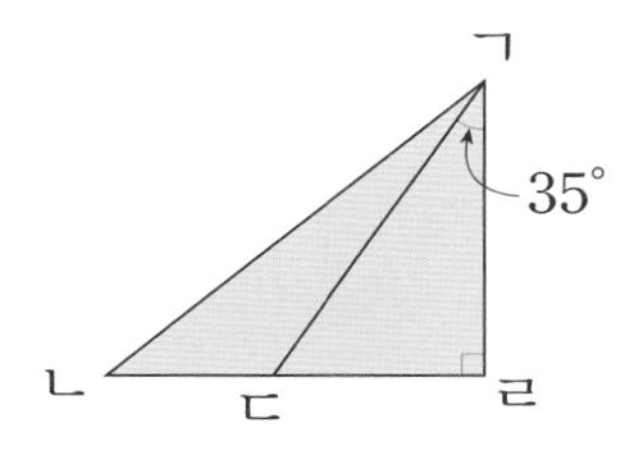

2 단원

3. 각의 크기 어림하기, 각도의 합과 차 구하기

❖ **주어진 각의 크기 어림하기**

각도기를 사용하지 않고 주어진 각의 크기를 어림합니다. 어림한 각도와 실제 각도의 차가 작을수록 잘 어림한 것입니다.

❖ **각도의 합과 차**

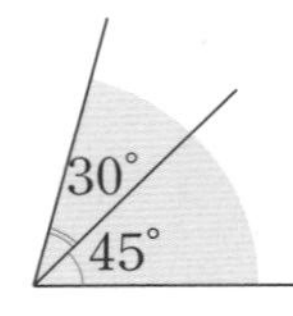

$30° + 45° = 75°$

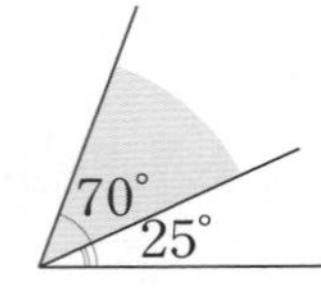

$70° - 25° = 45°$

1 각도를 어림해 보고 각도기로 재어 보세요.

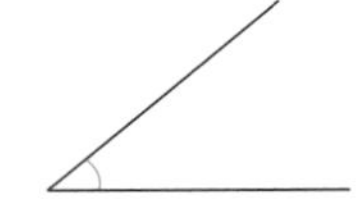

어림한 각도: 약  °

실제 각도:  °

2 □ 안에 알맞은 수를 써넣으세요.

(1) $90° + \square° = 160°$　　(2) $148° - \square° = 88°$

(3) $\square° + 45° = 150°$　　(4) $180° - \square° = 145°$

★ 두 각도의 합과 차를 구할 때는 자연수의 덧셈과 뺄셈처럼 계산한 다음 단위를 붙입니다.

3 가장 큰 각과 가장 작은 각을 찾아 각도의 합과 차를 계산해 보세요.

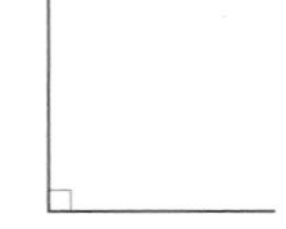

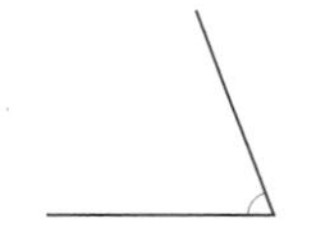
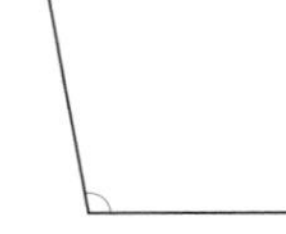

합: $\square° + \square° = \square°$

차: $\square° - \square° = \square°$

4 오른쪽 그림에서 ㉠의 각도를 구해 보세요.

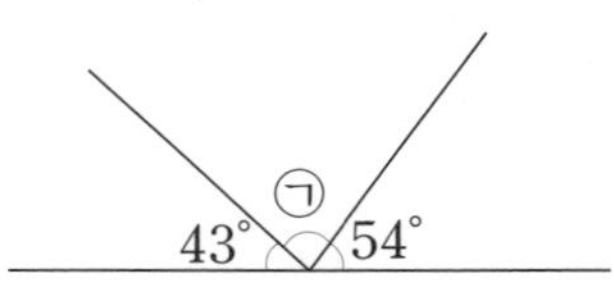

5 오른쪽 그림에서 각 ㄱㅇㄹ의 크기를 구해 보세요.

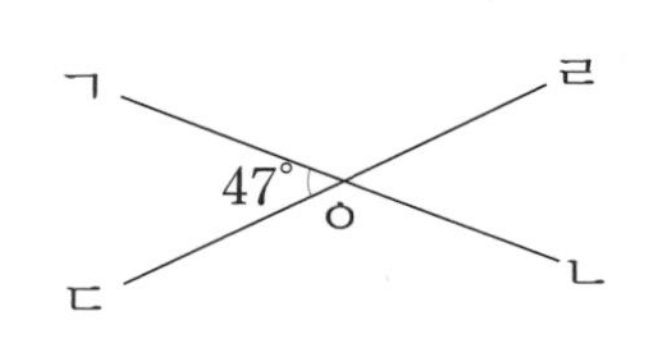

★ 직선이 이루는 각의 크기는 180°입니다.

핵심 응용 오른쪽 그림에서 ㉠과 ㉡의 각도의 합을 구해 보세요.

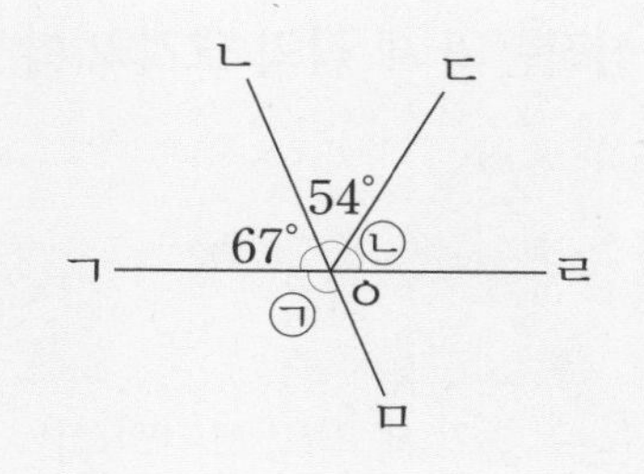

생각열기 직선이 이루는 각의 크기는 180°입니다.

풀이 직선 ㄴㅁ에서 67°+㉠=□°,

㉠=□°−67°=□°입니다.

직선 ㄱㄹ에서 67°+□°+㉡=180°,

㉡=180°−67°−□°=□°입니다.

따라서 ㉠과 ㉡의 각도의 합은 □°+□°=□°입니다.

확인 1 □ 안에 알맞은 수를 써넣으세요.

345°+(직각)−□°=293°

확인 2 오른쪽 그림에서 ㉠, ㉡, ㉢의 각도를 각각 구해 보세요.

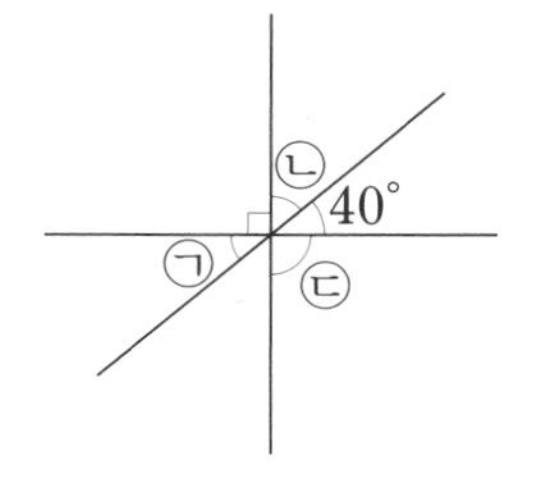

❖ 삼각형의 세 각의 크기의 합

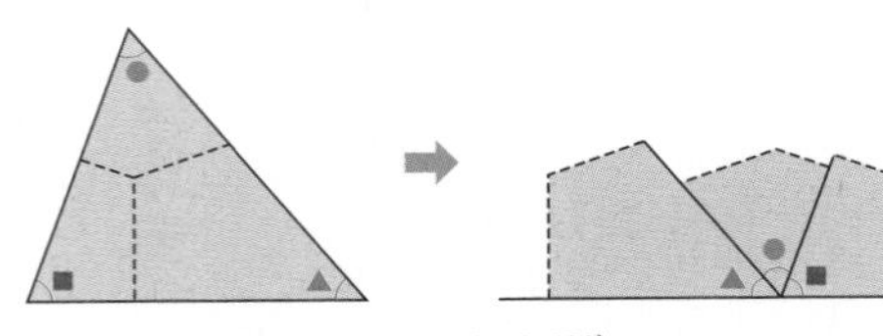

(삼각형의 세 각의 크기의 합)
=▲+●+■=180°
삼각형의 세 각의 크기의 합은 180°입니다.

모양과 크기가 다른 삼각형이라도 그림과 같은 방법으로 잘라서 세 꼭짓점의 각을 한 곳에 모으면 세 각의 크기의 합은 항상 180°가 됩니다.

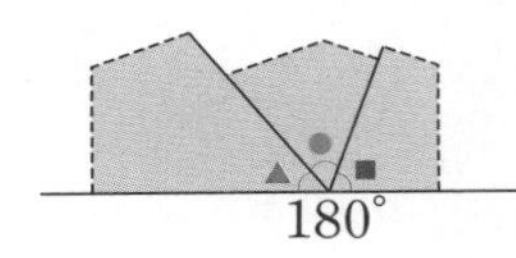

Jump 도우미

1 □ 안에 알맞은 수를 써넣으세요.

(1)

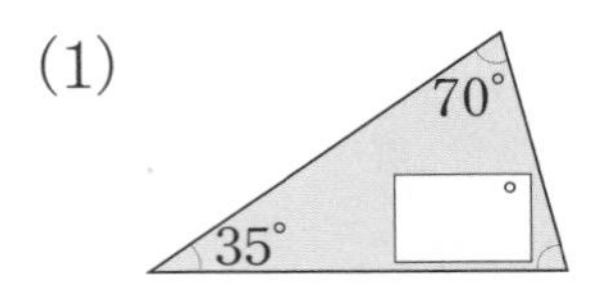

(2)

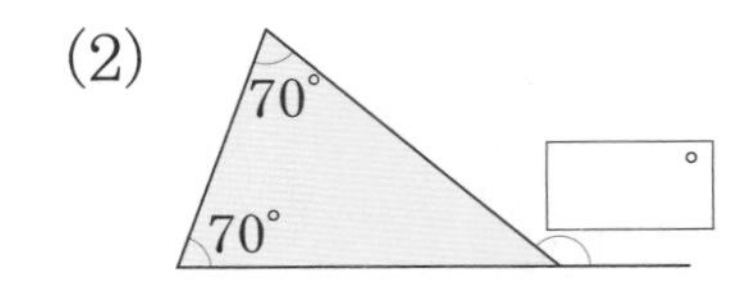

2 도형에서 ㉠과 ㉡의 각도의 합을 구해 보세요.

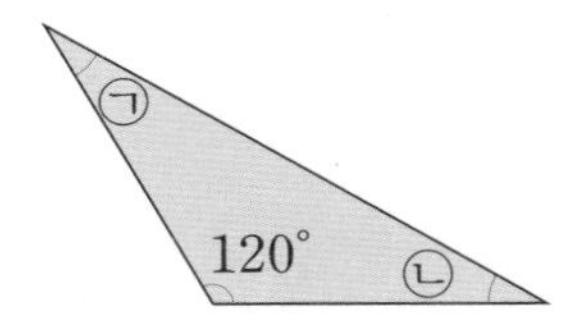

3 도형에서 ㉠의 각도를 구해 보세요.

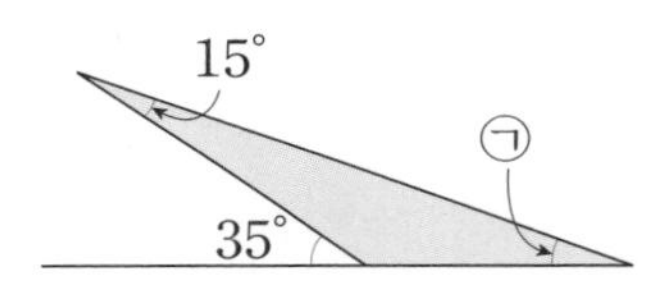

4 도형에서 ㉠과 ㉡의 각도의 차를 구해 보세요.

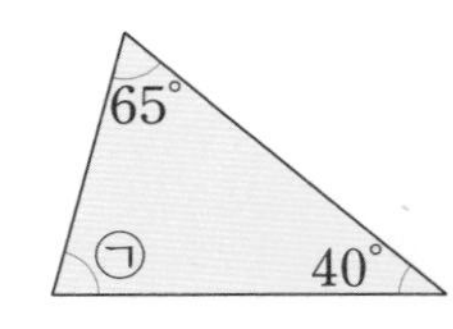

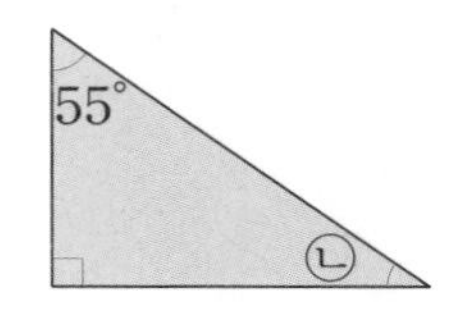

★ 삼각형의 세 각의 크기의 합은 180°입니다.

★ 직선이 이루는 각의 크기는 180°입니다.

Jump 2 핵심응용하기

핵심 응용 도형에서 각 ㄱㄷㅁ의 크기를 구해 보세요.

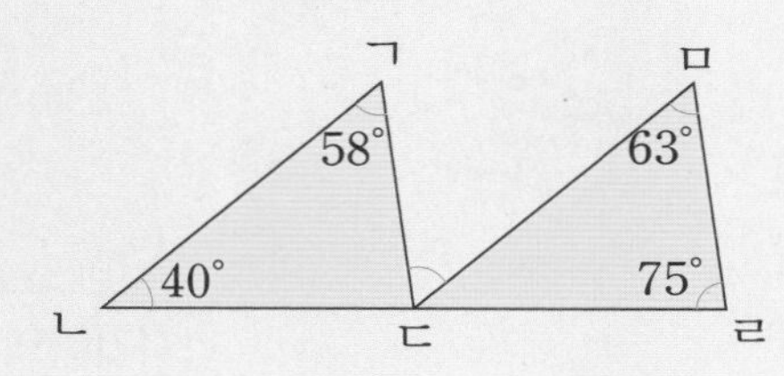

생각열기 각 ㄱㄷㄴ과 각 ㅁㄷㄹ의 크기를 구할 수 있습니다.

풀이 (각 ㄱㄷㄴ)$=180°-(58°+$ □ $°)=$ □ $°$

(각 ㅁㄷㄹ)$=180°-($ □ $°+75°)=$ □ $°$

(각 ㄱㄷㅁ)$=180°-$ □ $°-$ □ $°=$ □ $°$

답 ____________

확인 1 오른쪽 그림과 같이 삼각자 2개를 붙여 놓았습니다. ㉠과 ㉡의 각도의 차를 구해 보세요.

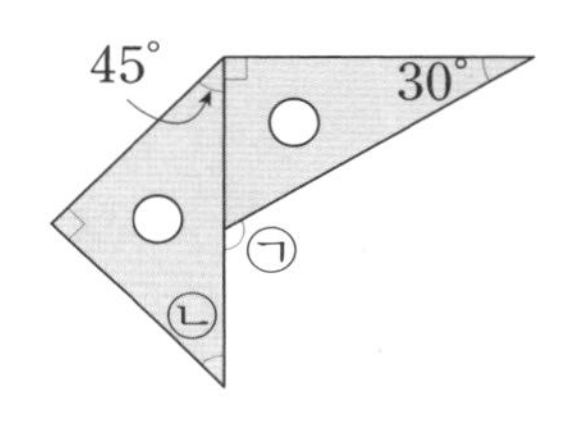

확인 2 오른쪽 도형에서 각 ㄹㄷㅁ의 크기를 구해 보세요.

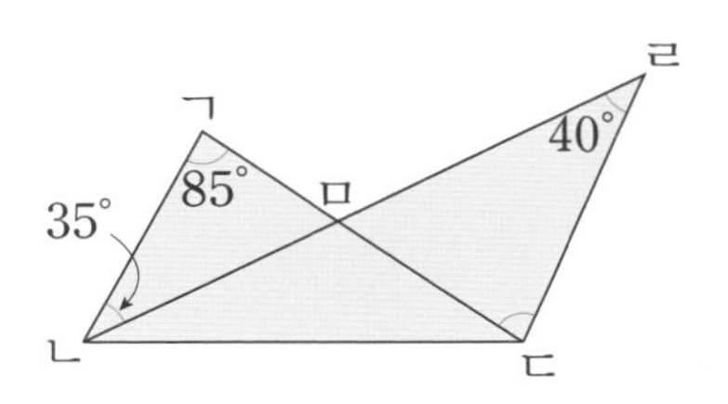

5. 사각형의 네 각의 크기의 합 알아보기

❖ **사각형의 네 각의 크기의 합**

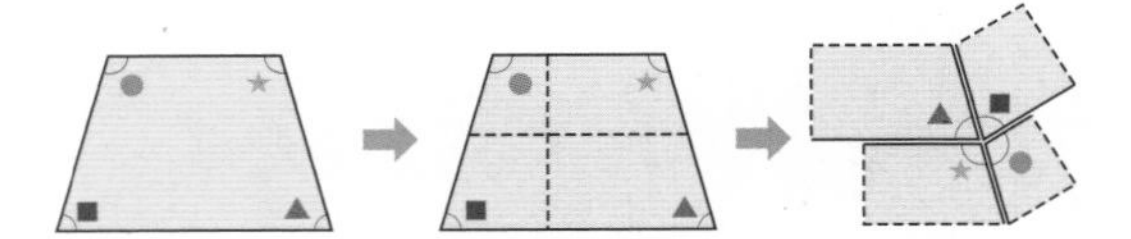

• (사각형의 네 각의 크기의 합)
 =●+■+▲+★=360°

• 사각형의 네 각의 크기의 합은 360°입니다.

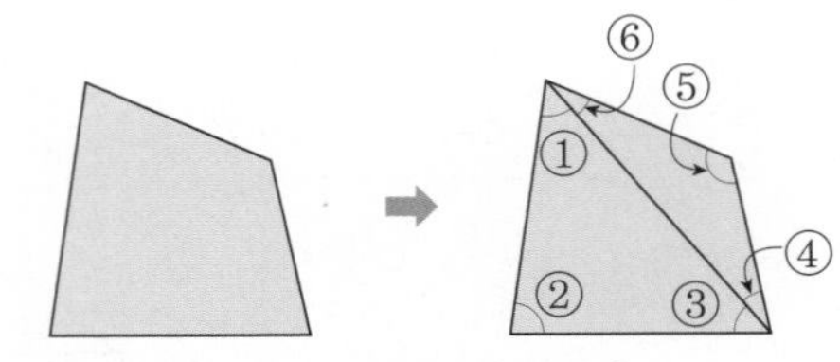

• (사각형의 네 각의 크기의 합)
 =(①+②+③)+(④+⑤+⑥)
 =(삼각형의 세 각의 크기의 합)×2
 =180°×2=360°

★ 사각형의 네 각의 크기의 합은 360°입니다.

1 □ 안에 알맞은 수를 써넣으세요.

(1)

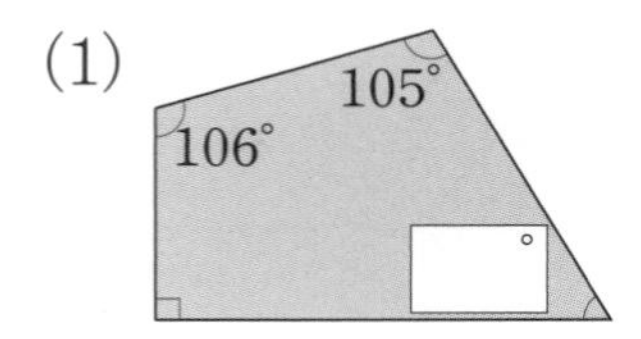

(2)

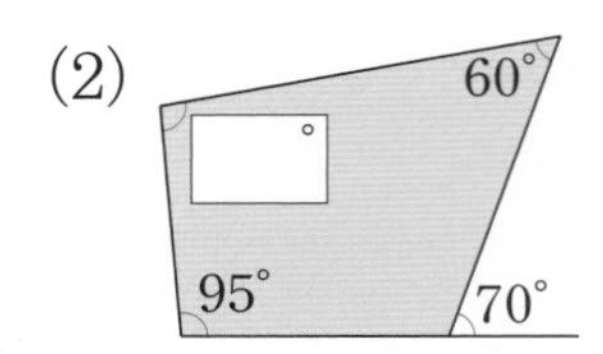

2 오른쪽 도형에서 ㉠과 ㉡의 각도의 합을 구해 보세요.

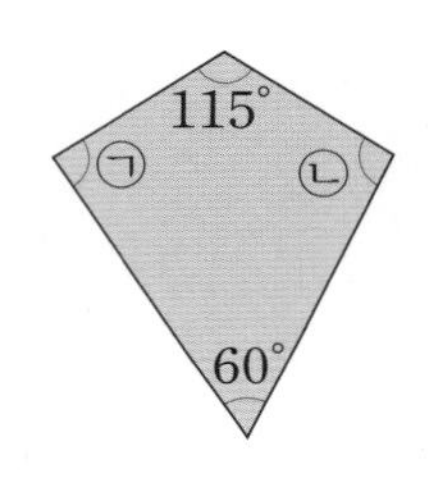

3 오른쪽 도형에서 ㉠의 각도를 구해 보세요.

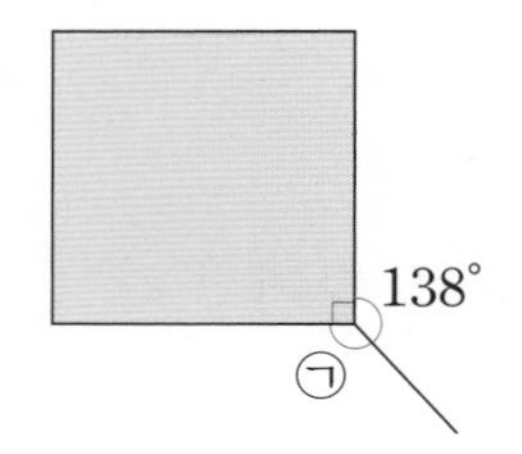

★ 직각의 크기를 이용하여 ㉠의 각도를 구해 봅니다.

4 도형에서 ㉠과 ㉡의 각도의 차를 구해 보세요.

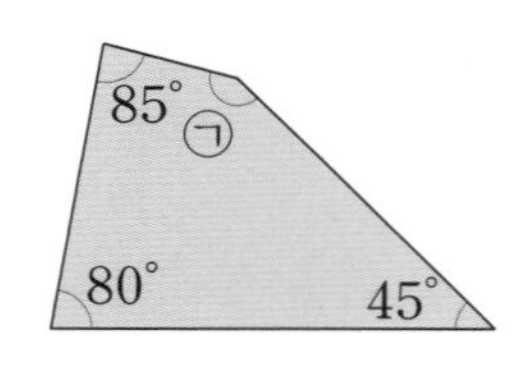

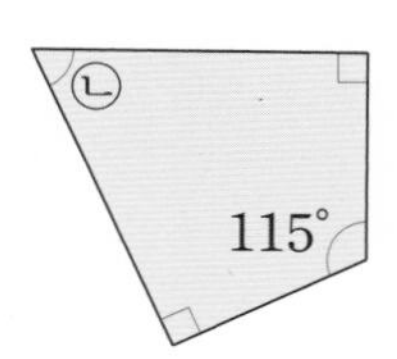

Jump 2 핵심응용하기

핵심 응용

오른쪽 도형에서 각 ㄱㄴㅁ과 각 ㄱㅁㄴ의 크기가 같을 때, ㉠의 각도를 구해 보세요.

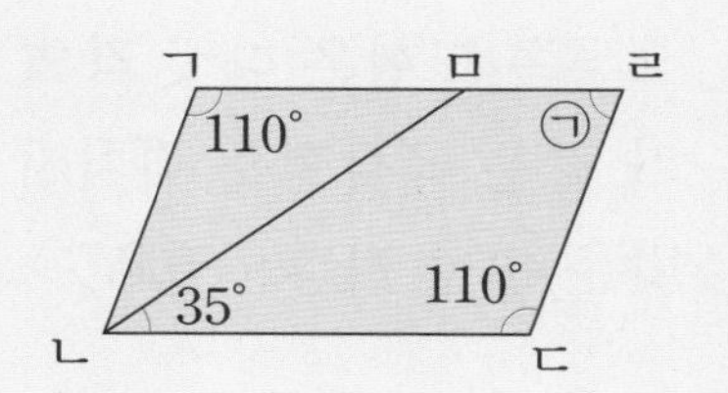

생각열기 삼각형의 세 각의 크기의 합은 180°이고, 사각형의 네 각의 크기의 합은 360°입니다.

풀이 (각 ㄱㅁㄴ)$=(180°-\square°)\div2=\square°$,

(각 ㄴㅁㄹ)$=180°-\square°=\square°$

$\square°+35°+110°+$㉠$=360°$,

㉠$=360°-\square°-35°-110°$, ㉠$=360°-\square°=\square°$

따라서 ㉠$=\square°$입니다.

답 ______

확인 1 오른쪽 도형에서 사각형 ㄱㄴㄷㄹ은 직사각형입니다. 각 ㄴㄹㅁ의 크기를 구해 보세요.

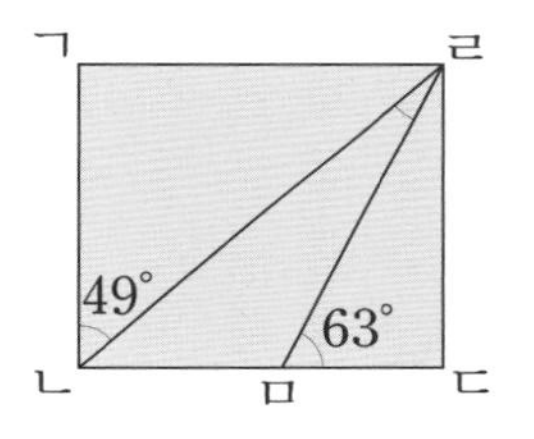

확인 2 그림과 같이 직사각형 모양의 종이를 접었을 때, ㉠의 각도를 구해 보세요.

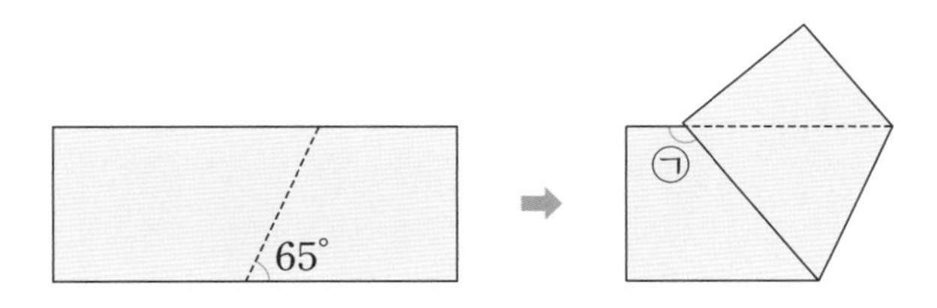

2 단원

1 오른쪽 도형은 다섯 각의 크기가 같은 오각형과 여섯 각의 크기가 같은 육각형을 겹치지 않게 이어 붙인 것입니다. □ 안에 알맞은 수를 써넣으세요.

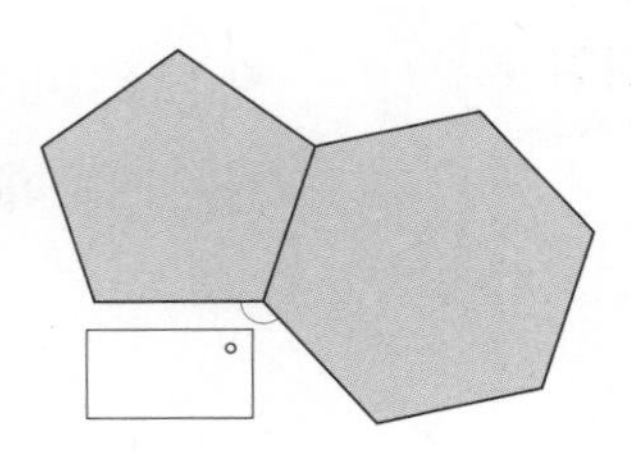

2 오른쪽 그림과 같이 직사각형 모양의 띠를 접었습니다. ㉠의 각도를 구해 보세요.

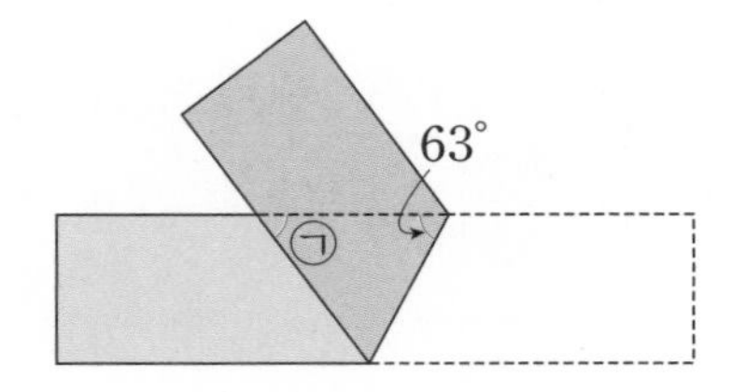

3 그림에서 각 ㄴㅇㄹ의 크기를 구해 보세요.(단, 같은 표시는 같은 각도를 나타냅니다.)

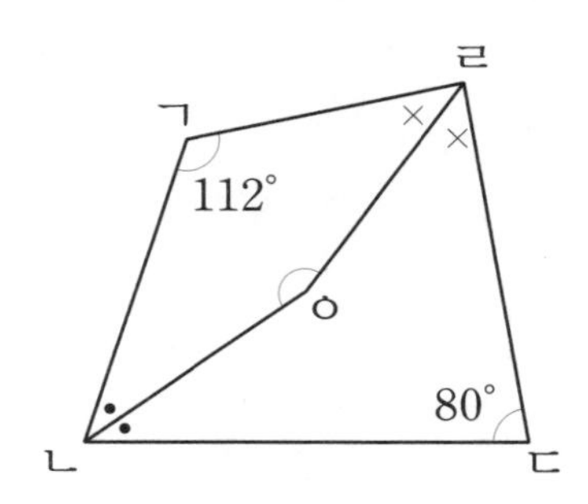

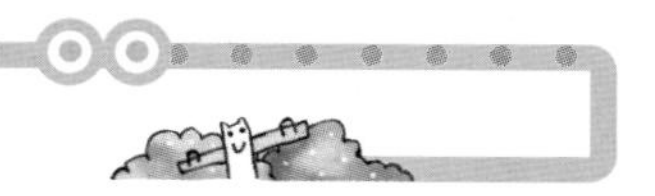

4 정각마다 울리는 시계가 있습니다. 이 시계가 울릴 때 짧은바늘과 긴바늘이 이루는 작은 쪽의 각이 예각인 경우는 하루에 몇 번인가요?

5 오른쪽 도형에서 사각형 ㄱㄴㄷㄹ은 직사각형입니다. □ 안에 알맞은 수를 써넣으세요.

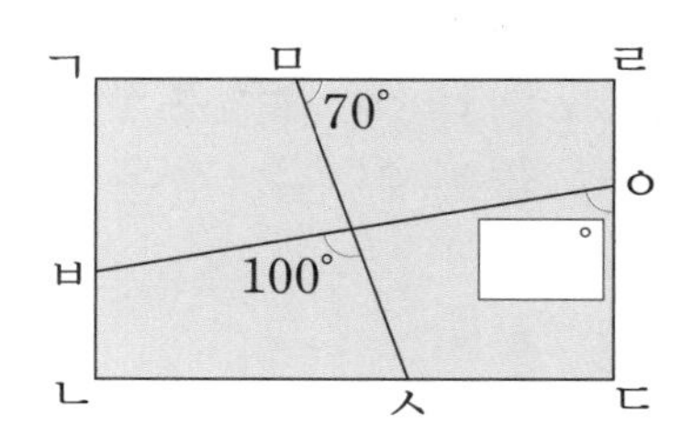

6 오른쪽 그림에서 ㉠, ㉡, ㉢의 각도의 합을 구해 보세요.

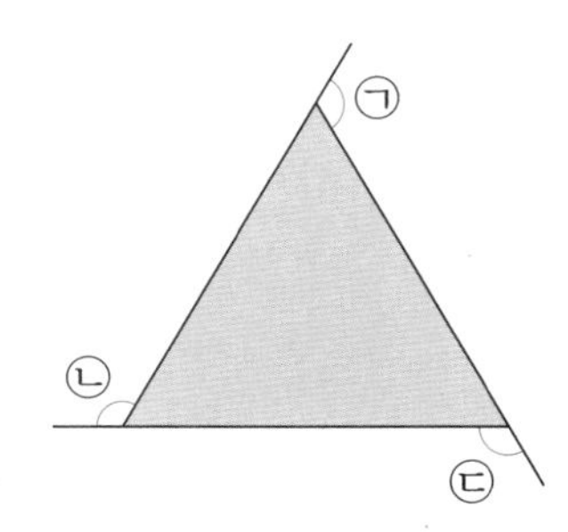

7 오른쪽 그림에서 ㉠과 ㉡의 각도의 차를 구해 보세요.

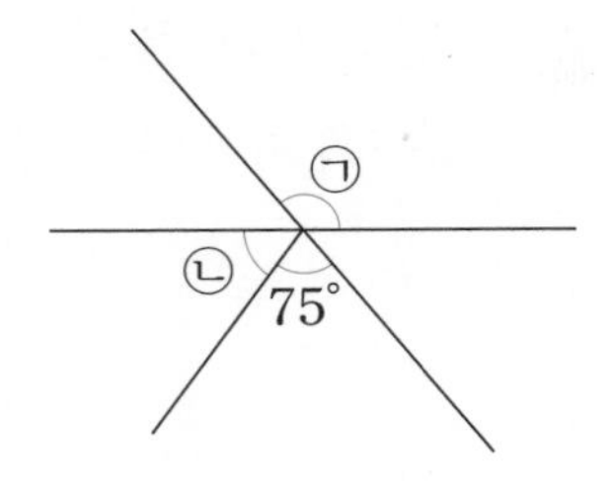

8 지금 시각은 오후 4시 40분입니다. 지금부터 3시간 50분 후 시계의 짧은바늘과 긴바늘이 이루는 작은 쪽의 각은 예각, 직각, 둔각 중에서 어느 것인가요?

9 오른쪽 그림과 같이 직사각형 ㄱㄴㄷㄹ을 접었습니다. ㉠의 각도를 구해 보세요.

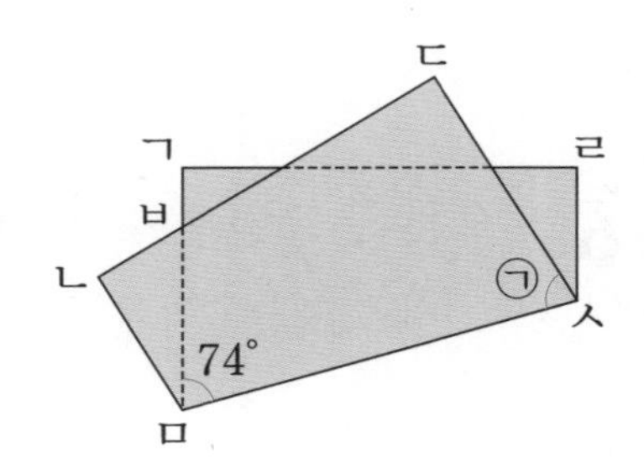

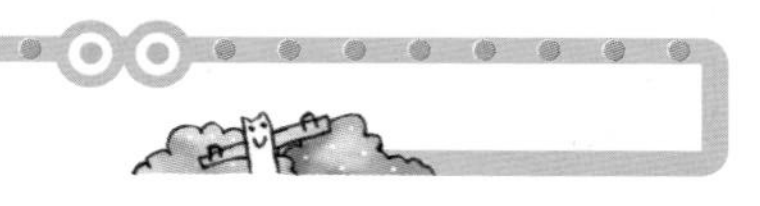

10 오른쪽 도형에서 ㉠과 ㉡의 각도의 차를 구해 보세요.

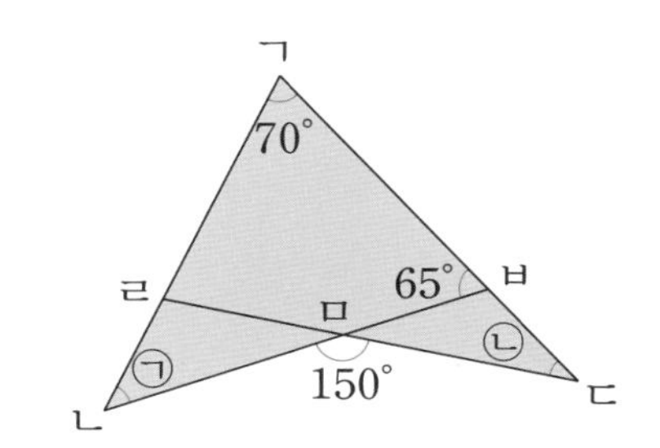

11 오른쪽 도형에서 ㉠의 각도를 구해 보세요.

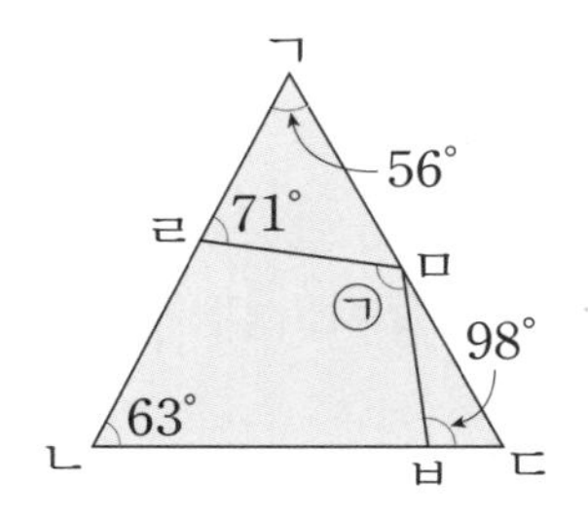

12 오른쪽 도형에서 각 ㄱㄴㄹ의 크기와 각 ㄷㄴㄹ의 크기가 같고 각 ㄱㄷㄹ의 크기와 각 ㄴㄷㄹ의 크기가 같을 때, ㉠의 각도를 구해 보세요.

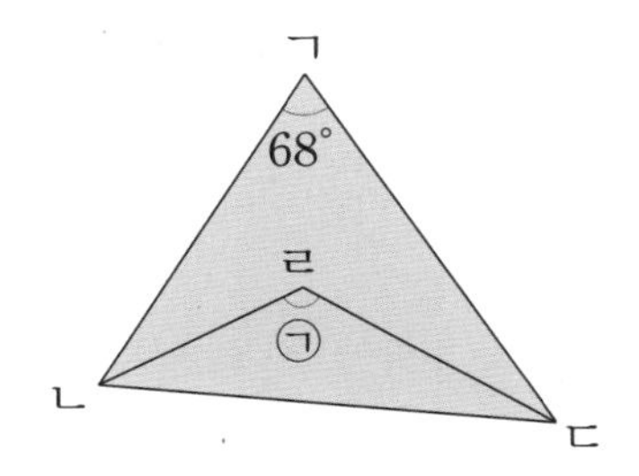

13 오른쪽 그림에서 ㉠의 각도를 구해 보세요.

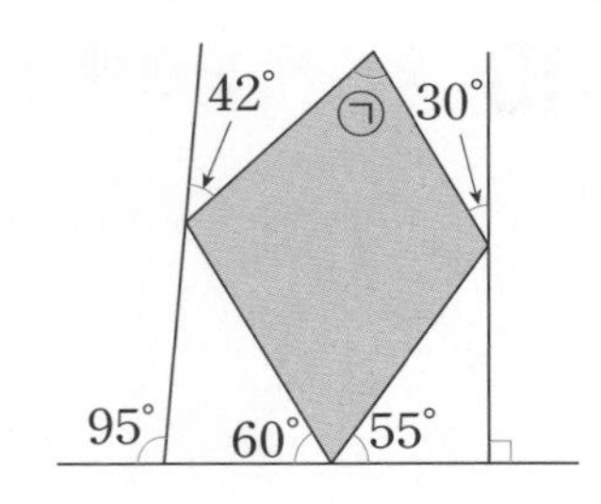

14 예슬이가 10시 10분에 기차를 타고 할머니 댁으로 출발하였습니다. 할머니 댁에 도착하여 시계를 보니 긴바늘은 180°, 짧은바늘은 45°만큼 더 가 있었습니다. 예슬이가 할머니 댁에 도착한 시각은 몇 시 몇 분인가요?

15 도형에서 각 ㄱㄴㄷ의 크기를 구해 보세요.

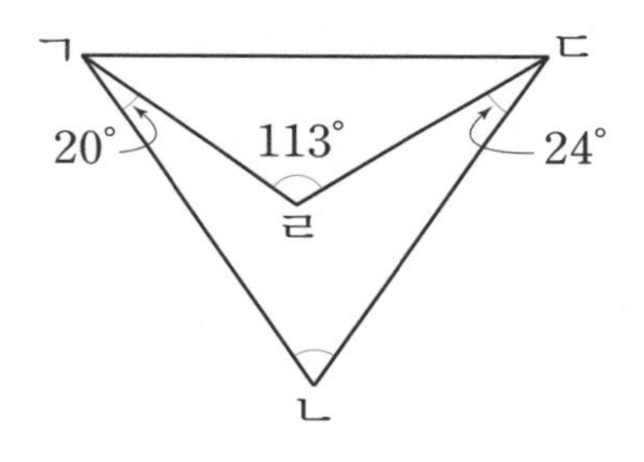

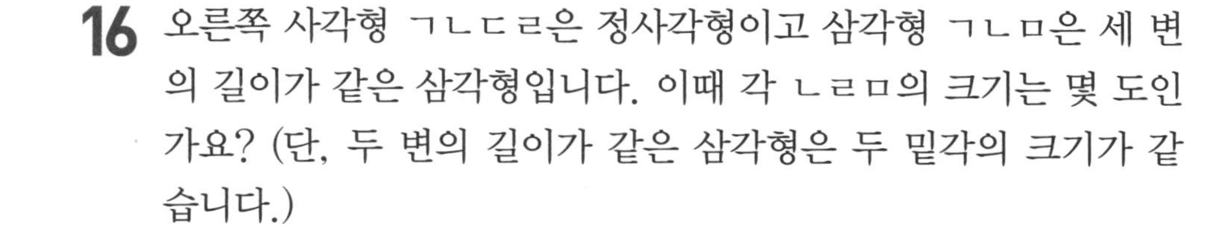

16 오른쪽 사각형 ㄱㄴㄷㄹ은 정사각형이고 삼각형 ㄱㄴㅁ은 세 변의 길이가 같은 삼각형입니다. 이때 각 ㄴㄹㅁ의 크기는 몇 도인가요? (단, 두 변의 길이가 같은 삼각형은 두 밑각의 크기가 같습니다.)

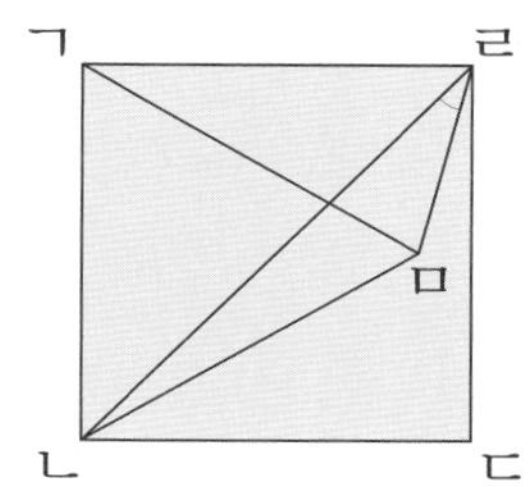

17 정사각형 2개가 오른쪽 그림과 같이 겹쳐 있습니다. ㉠의 각도를 구해 보세요.

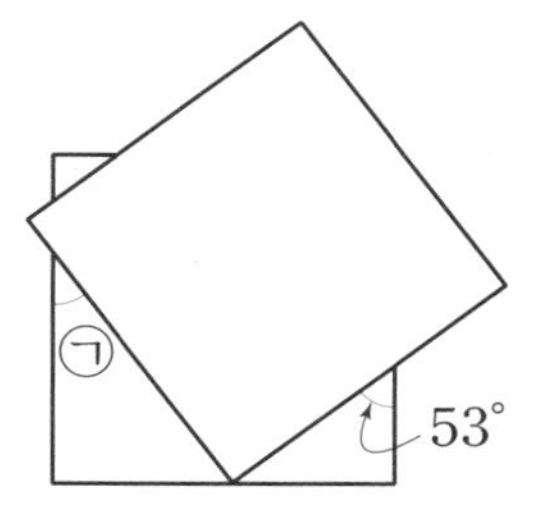

18 오른쪽 그림에서 사각형 ㄴㄷㄹㅁ은 정사각형이고 삼각형 ㄱㄴㅁ은 변 ㄱㅁ과 변 ㄴㅁ의 길이가 같은 삼각형입니다. 각 ㄱㄴㅂ이 75°일 때, 각 ㄴㄱㅂ의 크기를 구해 보세요. (단, 두 변의 길이가 같은 삼각형은 두 밑각의 크기가 같습니다.)

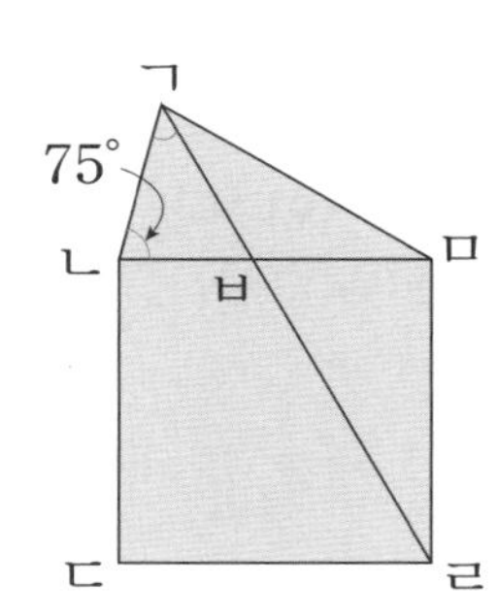

1 오른쪽 그림에서 찾을 수 있는 크고 작은 모든 예각, 둔각의 각도의 합은 800°입니다. ㉯의 각도는 ㉮의 각도의 2배, ㉰의 각도는 ㉮의 각도의 3배, ㉱의 각도는 ㉮의 각도의 4배일 때 각 ㄱㄴㄷ의 크기를 구해 보세요.

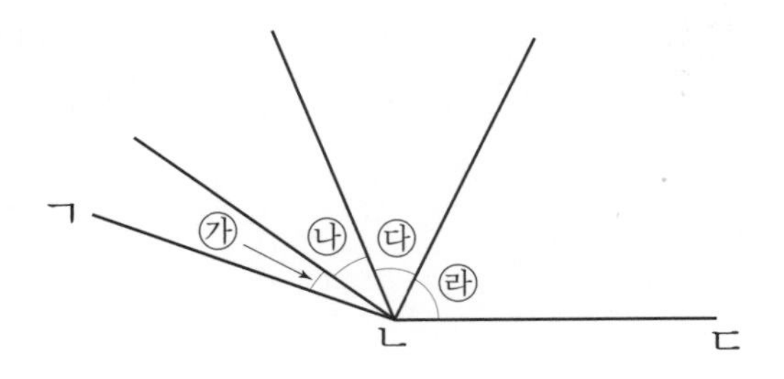

2 오른쪽 그림은 삼각형 2개를 겹친 것입니다. ㉠의 각도를 구해 보세요.

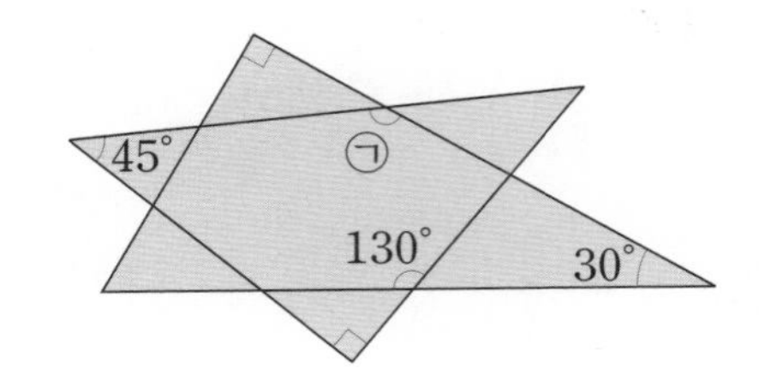

3 유승이는 버스를 타고 할머니 댁에 가고 있습니다. 버스에서 내려 시계를 보니 5시 15분이었고, 버스를 타는 동안 시계의 긴바늘이 짧은바늘보다 275° 더 움직인 것을 알았습니다. 유승이가 버스에 탄 시각이 ㉠시 ㉡분일 때 ㉠+㉡의 값을 구해 보세요.

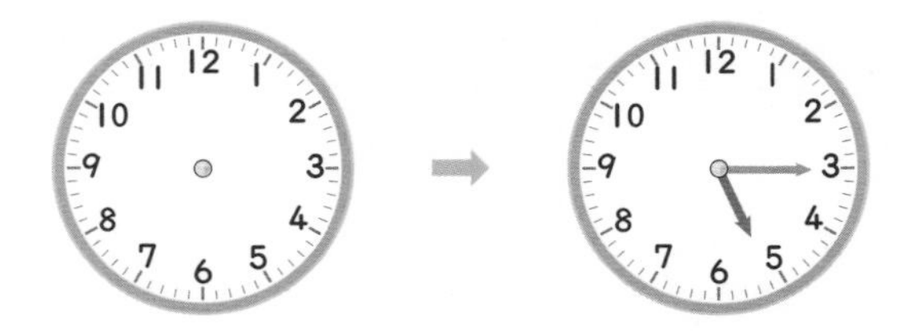

4 오른쪽 그림과 같이 8개의 직선을 그었을 때, 찾을 수 있는 크고 작은 예각과 둔각은 각각 몇 개씩인가요? (단, 그림에서 직각으로 만나는 곳은 2군데입니다.)

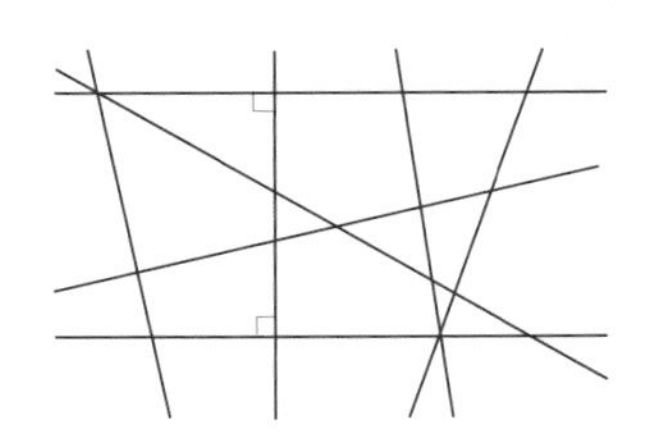

2 단원

5 다음 그림에서 ㉠, ㉡, ㉢, ㉣, ㉤, ㉥, ㉦, ㉧ 8개의 각도의 합을 구해 보세요.

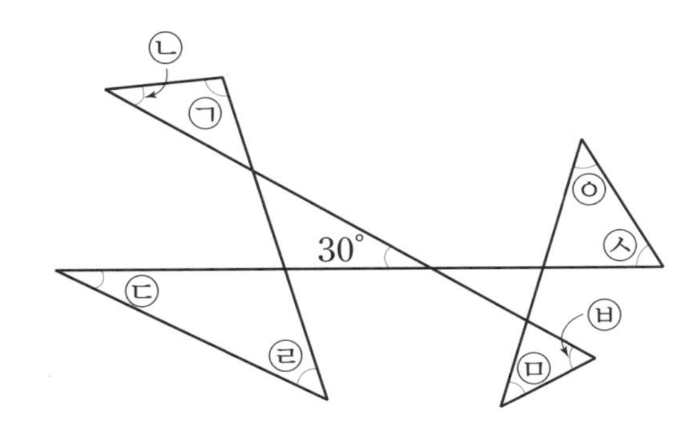

6 용희가 숙제를 시작한 시각과 끝낸 시각이 다음과 같습니다. 숙제를 하는 동안에 시계의 짧은바늘과 긴바늘이 각각 움직인 각도의 차를 구해 보세요.

숙제 시작	숙제 끝
오후 2시 57분	오후 3시 27분

7 오른쪽 그림과 같이 직사각형 ㄱㄴㄷㄹ을 선분 ㄱㄷ을 접는 선으로 하여 접었습니다. 선분 ㄱㅂ과 선분 ㄷㄹ을 연장시켜 만나는 점을 점 ㅅ이라 할 때, 각 ㅂㅅㄷ의 크기를 구해 보세요.

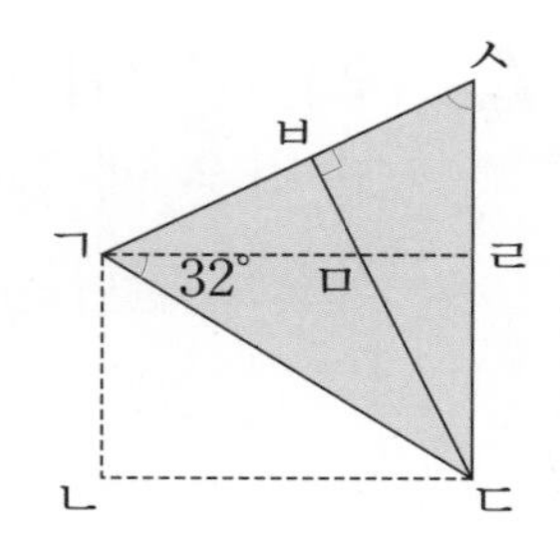

8 오른쪽 그림에서 ㉠, ㉡, ㉢, ㉣, ㉤, ㉥, ㉦의 각도의 합을 구해 보세요.

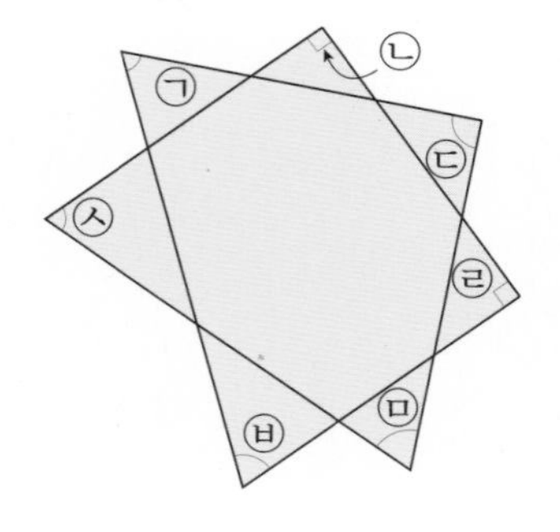

9 오른쪽 그림과 같이 정사각형 ㄱㄴㄷㄹ을 선분 ㄱㅁ을 접는 선으로 하여 접었습니다. 각 ㄴㄱㅁ의 크기가 64°일 때, ㉠의 각도를 구해 보세요. (단, 두 변의 길이가 같은 삼각형은 두 밑각의 크기가 같습니다.)

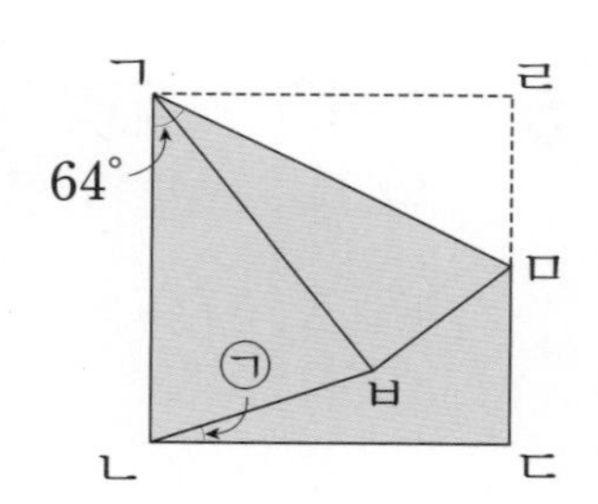

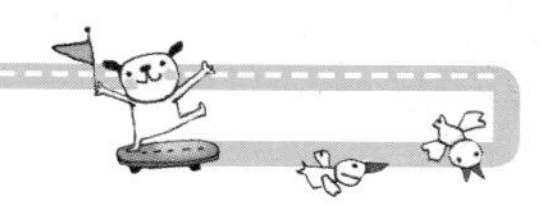

10 그림에서 선분 ㄱㄴ, ㄴㄷ, ㄷㄹ, ㄹㅁ, ㅁㅂ의 길이가 모두 같을 때, ㉠과 ㉡의 각도를 각각 구해 보세요. (단, 두 변의 길이가 같은 삼각형에서 두 밑각의 크기는 같습니다.)

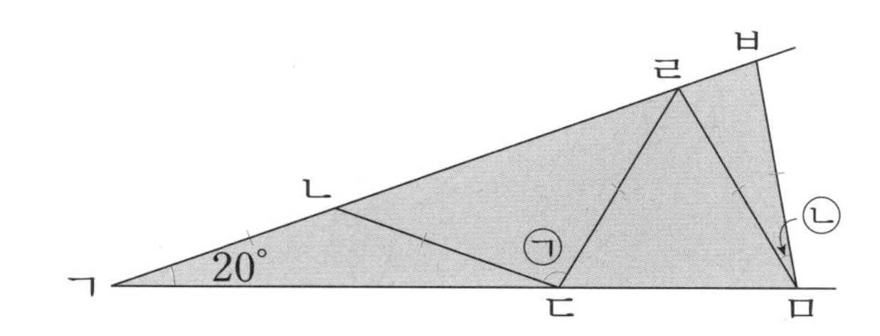

2
단원

11 오른쪽 그림과 같이 정사각형 ㄱㄴㄷㄹ의 안쪽에 세 변의 길이가 같은 삼각형 ㄱㄴㅁ을 그렸습니다. 꼭짓점 ㄹ과 ㅁ을 지나는 직선을 그어 변 ㄴㄷ과 만나는 점을 점 ㅂ이라 할 때, ㉠과 ㉡의 각도의 합을 구해 보세요.

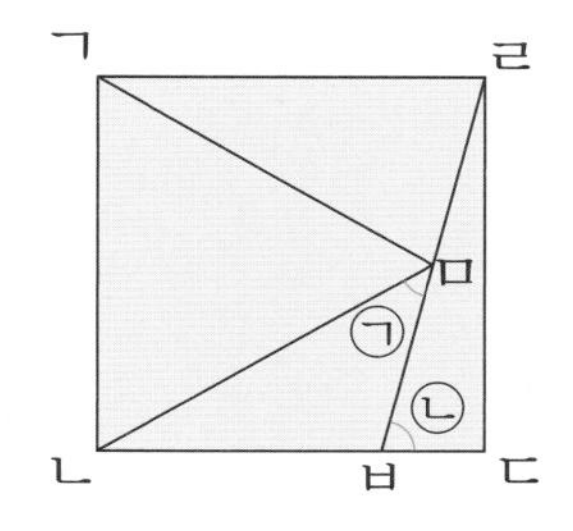

12 오른쪽 그림과 같이 사각형 ㄱㄴㄷㄹ 모양의 종이를 두 번 접었습니다. 각 ㄱㅇㅈ과 각 ㅈㅇㄷ의 크기가 같고 각 ㅇㄷㅈ과 각 ㅈㄷㅂ의 크기가 같을 때, 각 ㅇㅈㄷ의 크기를 구해 보세요.

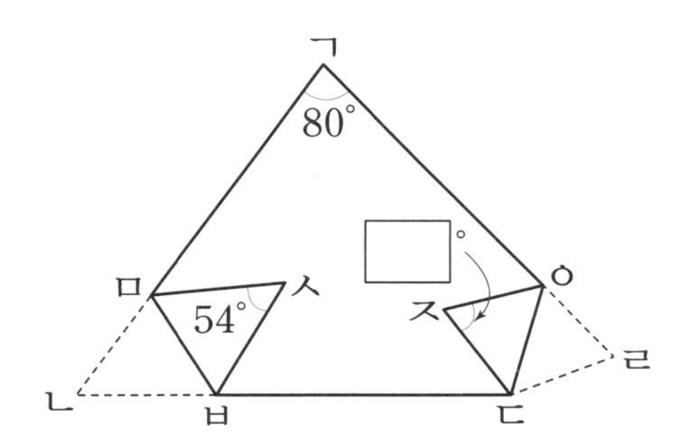

13 오른쪽 삼각형 ㄱㄴㄷ과 삼각형 ㄹㅁㄷ은 크기가 같고 변의 길이가 모두 같은 삼각형입니다. 각 ㄱㄷㅁ의 크기를 구해 보세요.

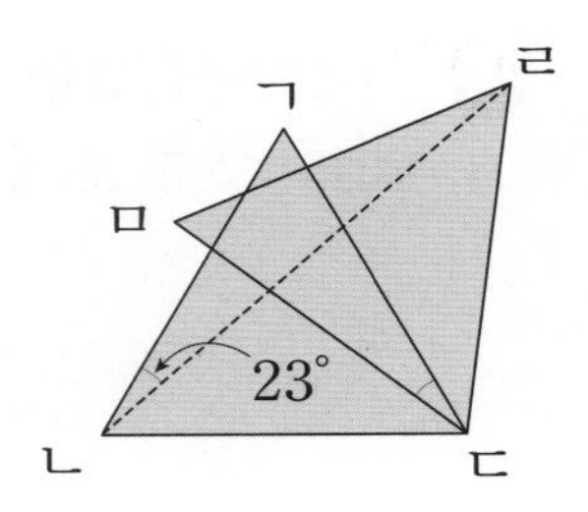

14 □ 안에 알맞은 수를 써넣으세요.

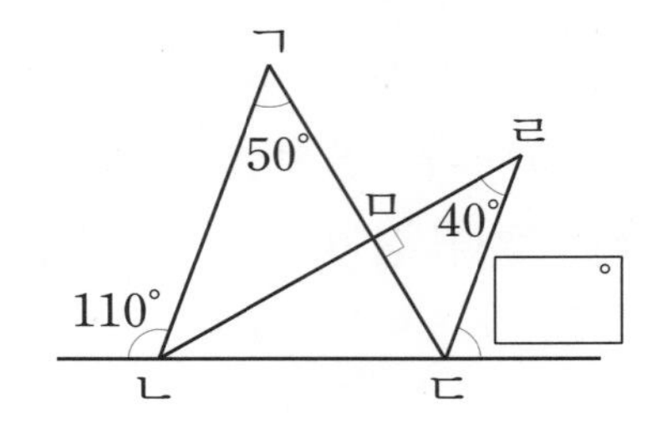

15 그림에서 □ 안에 알맞은 수를 써넣으세요.

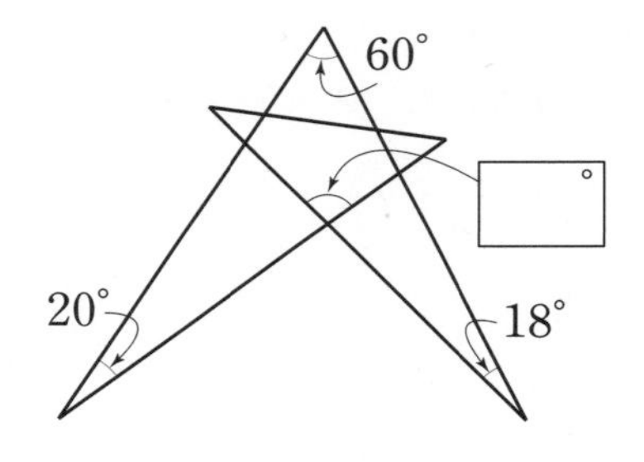

16 다음의 조건을 모두 만족하는 삼각형 ㄱㄴㄷ을 꼭짓점 ㄴ을 중심으로 화살표 방향으로 돌린 것입니다. 삼각형 ㄱㄴㄷ을 몇 도만큼 돌렸는지 구해 보세요.

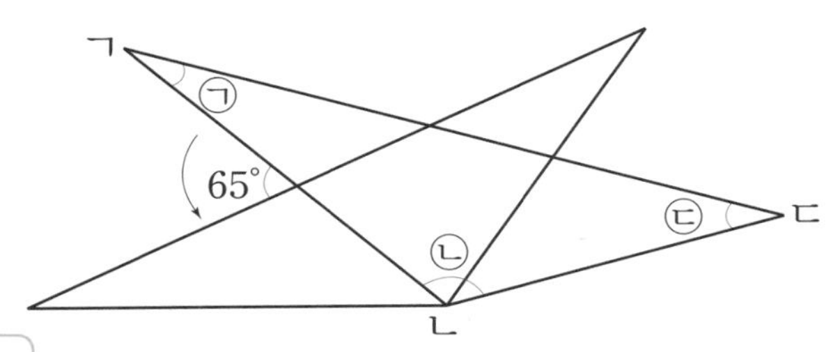

- ㉠의 각도는 ㉡의 각도보다 100° 작습니다.
- ㉡의 각도는 ㉢의 각도보다 95° 큽니다.

17 오른쪽 그림에서 ㉠, ㉡, ㉢, ㉣, ㉤, ㉥, ㉦, ㉧ 8개의 각도의 합을 구해 보세요.

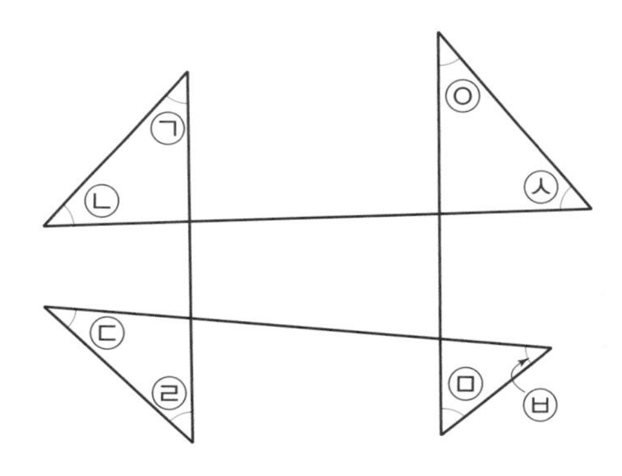

18 오른쪽 그림에서 ㉡과 ㉢의 각도가 같고 ㉣과 ㉤의 각도가 같을 때, ㉠의 각도를 구해 보세요.

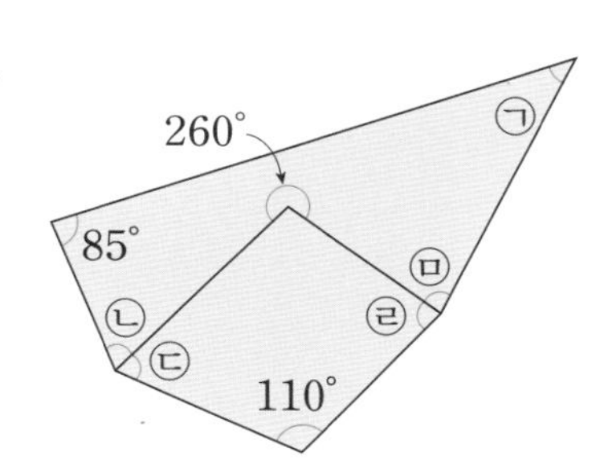

Jump 5 영재교육원 입시대비문제

1 그림에서 ㉠, ㉡, ㉢의 각도의 합을 구해 보세요.

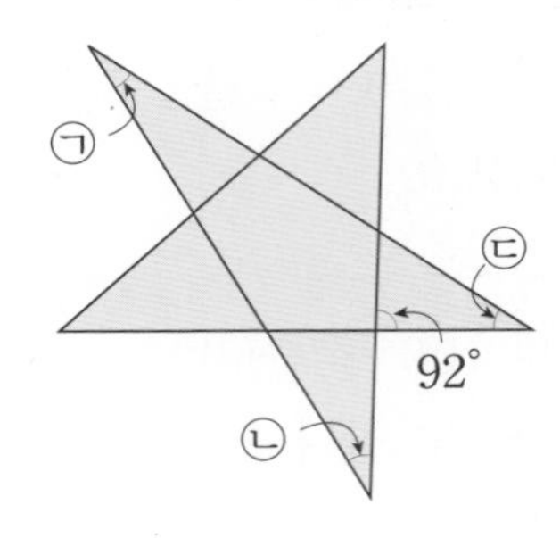

2 오른쪽 그림은 직사각형 모양의 종이를 접은 것입니다. ㉠과 ㉡의 각도의 합을 구해 보세요.

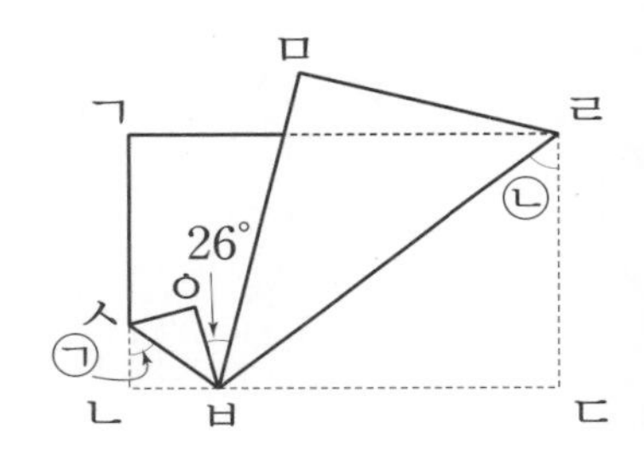

단원 3

곱셈과 나눗셈

1 (세 자리 수)×(몇십)

2 (세 자리 수)×(두 자리 수)

3 (몇백몇십)÷(몇십), (두 자리 수)÷(두 자리 수)

4 (세 자리 수)÷(두 자리 수)

이야기 수학

나누기를 나타내는 기호($\overline{)\quad}$)

- 나눗셈을 세로 형식으로 할 때는 기호 ' $\overline{)\quad}$ '를 사용합니다.
  기호 ' $\overline{)\quad}$ '는 누가, 언제부터 사용했는지는 분명하지 않으나 독일의 수학자 슈티펠(Michael Stifel 1487~1567)이 처음 사용한 것으로 보입니다.
- 슈티펠은 1544년에 24÷8을 8)24 또는 8)24(로 나타내었습니다. 그러나 슈티펠의 기호 ') '를 사용할 경우 5)4+6은 (4+6)÷5를 나타내는지, (4÷5)+6을 나타내는지가 분명하지 않아 훗날 누군가가 나눠지는 수의 범위를 분명하게 하기 위해 기호 ' $\overline{)\quad}$ '를 만든 것으로 보입니다.

1. (세 자리 수)×(몇십)

❖ **(세 자리 수)×(몇십)의 계산**

• 364×20의 계산 알아보기

	천 모형	백 모형	십 모형	일 모형	결과
364×2		7	2	8	728
364×2의 10배	7	2	8	0	7280

• 364×20=7280

Jump 도우미

★ 세 자리 수와 몇십의 곱은 (세 자리 수)×(몇)을 계산한 값에 10배 한 수입니다.

1 관계있는 것끼리 선으로 이어 보세요.

327×20 •	• 32160
60×536 •	• 6540
853×40 •	• 34120

2 다음 식에서 ㉠에 알맞은 수를 구해 보세요.

429×20=㉠×2

3 우유가 한 상자에 30팩씩 들어 있습니다. 180상자에는 우유가 몇 팩 들어 있을까요?

4 석기네 과일 가게에서는 1개에 985원씩 하는 복숭아를 80개 팔았습니다. 복숭아를 판 돈은 모두 얼마인가요?

핵심 응용 1상자에 148개씩 들어 있는 토마토 80상자와 1상자에 125개씩 들어 있는 귤 90상자가 있습니다. 토마토와 귤은 모두 몇 개인가요?

생각 열기 토마토와 귤의 수를 각각 구한 다음 그 합을 구합니다.

풀이 • (80상자에 들어 있는 토마토의 수)=□×80=□(개)

• (90상자에 들어 있는 귤의 수)=□×90=□(개)

따라서 토마토와 귤은 모두 □+□=□(개)입니다.

답 ________

1 상연이네 가게에서는 달걀은 1개에 325원, 오리알은 1개에 520원에 팔고 있습니다. 어제 상연이네 가게에서 달걀은 60개, 오리알은 40개를 팔았다면 수입은 모두 얼마인가요?

2 규형이네 학교 4학년 학생 285명과 선생님 11명은 미술 전시회에 가기로 하였습니다. 미술 전시회의 입장료가 어른이 2000원, 학생이 700원이라면 내야 할 입장료는 모두 얼마인가요?

3 표를 보고 자전거를 가장 많이 만든 공장과 가장 적게 만든 공장에서 만든 자전거 수의 차를 구해 보세요.

	하루에 만드는 자전거의 수	일한 날수
㉮ 공장	50대	254일
㉯ 공장	30대	275일
㉰ 공장	80대	215일

❖ **(세 자리 수)×(두 자리 수)의 계산**

(세 자리 수)×(두 자리 수의 일의 자리 숫자)를 계산하고 (세 자리 수)×(두 자리 수의 십의 자리 숫자)를 계산합니다.

$426 \times 13 = \boxed{5538}$

$$\begin{array}{r} 426 \\ \times \quad 13 \\ \hline 1278 \\ 4260 \\ \hline 5538 \end{array}$$

← 426×3=1278
← 426×10=4260

1 유승이는 397×48을 계산하여 구한 값이 20056이라고 말했습니다. 바르게 계산했는지 어림셈을 이용하여 알아보세요.

397은 400보다 작고, 48은 50보다 작으므로, 어림셈으로 구한 값은 400×50=☐보다 (작아야 , 커야) 합니다. 따라서 유승이는 (바르게 , 잘못) 계산했습니다.

2 두 곱의 크기를 비교하여 ○ 안에 >, =, <를 알맞게 써넣으세요.

★ 두 수의 곱을 구한 다음 크기를 비교합니다.

(1) 325×30 ○ 256×40

(2) 438×52 ○ 741×34

3 곱셈을 하고 곱이 가장 큰 수부터 차례로 ○ 안에 번호를 써넣으세요.

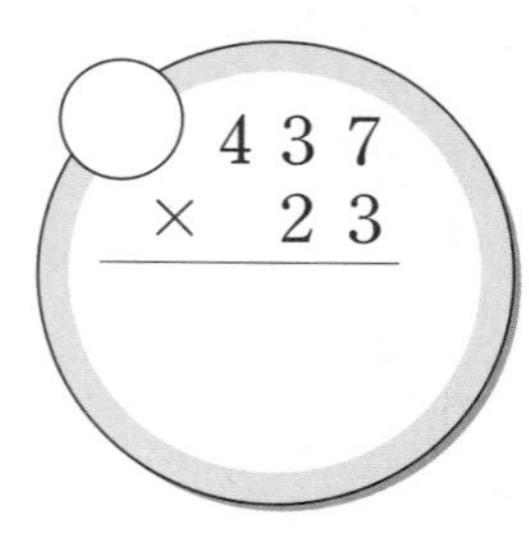

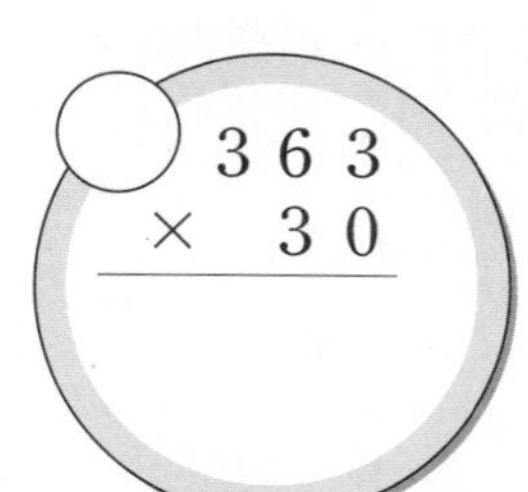

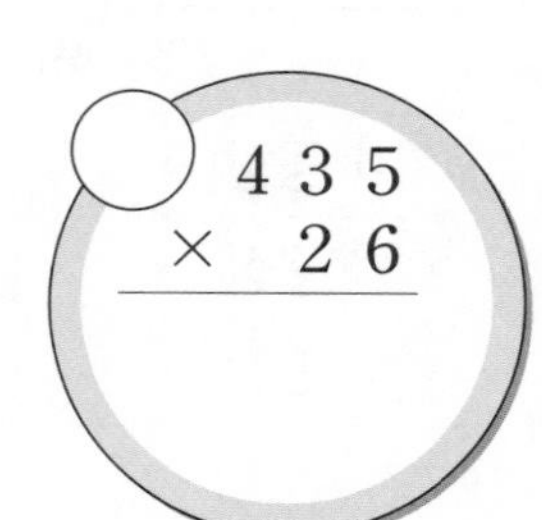

어느 마트에서 아이스크림 1개를 팔면 이익이 530원이고 과자 1개를 팔면 이익이 470원이라고 합니다. 아이스크림 39개와 과자 27개를 팔면, 이익은 모두 얼마인가요?

아이스크림과 과자를 팔았을 때의 이익을 각각 구합니다.

풀이 • (아이스크림 39개를 팔았을 때의 이익)= $\square \times 39 = \square$(원)

• (과자 27개를 팔았을 때의 이익)= $\square \times 27 = \square$(원)

따라서 이익은 모두 $\square + \square = \square$(원)입니다.

답 ______________

3 단원

1 어느 문구점에는 1상자에 120개씩 들어 있는 지우개가 68상자 있습니다. 이 중에서 2155개를 낱개로 팔았다면, 남아 있는 지우개는 몇 개인가요?

2 장난감 공장에서 하루에 장난감 비행기를 216개, 장난감 자동차를 793개 만듭니다. 25일 동안 만든 장난감 비행기와 장난감 자동차는 모두 몇 개인가요?

3 어떤 수에 74를 곱해야 할 것을 잘못하여 더하였더니 308이 되었습니다. 바르게 계산하면 얼마인가요?

Jump ① 핵심알기

3. (몇백몇십)÷(몇십), (두 자리 수)÷(두 자리 수)

❖ **몇십으로 나누기**

$$30\overline{)170}$$ 몫 5, 150, 나머지 20

$170 \div 30 = 5 \cdots 20$

(확인)
$30 \times 5 = 150$,
$150 + 20 = 170$

$30 \times 4 = 120$
→ 몫이 작습니다.
$30 \times 5 = 150$
→ 몫이 알맞습니다.
$30 \times 6 = 180$
→ 몫이 큽니다.
➡ 나머지는 나누는 수보다 작아야 합니다.

❖ **(두 자리 수)÷(두 자리 수)의 계산**

$12\overline{)87}$ 몫 7, 84, 3 ← (몫을 1 작게 합니다.) — $12\overline{)87}$ 몫 8, 96 (뺄 수 없습니다.)

$87 \div 12 = 7 \cdots 3$

(확인) $12 \times 7 = 84$, $84 + 3 = 87$

1 □ 안에 알맞은 수를 써넣으세요.

(1) $250 \div 40 = \square \cdots \square$

(2) $\square \div 13 = 6 \cdots 9$

2 나눗셈을 하고 나머지가 가장 큰 수부터 차례로 ○ 안에 번호를 써넣으세요.

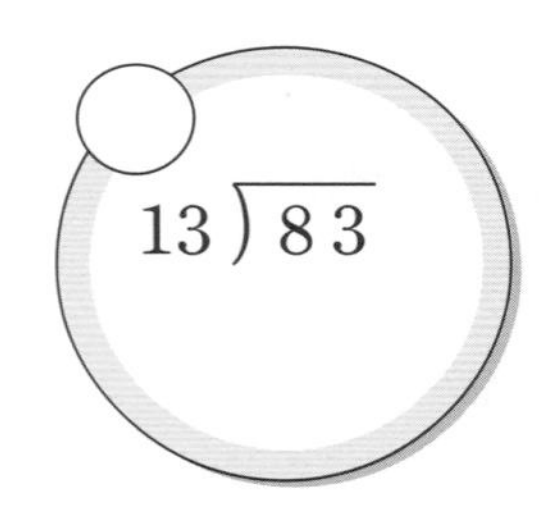

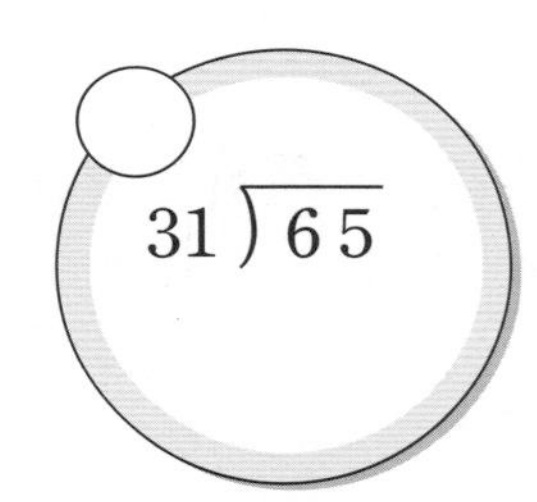

3 어떤 수를 70으로 나눌 때, 나올 수 있는 나머지 중에서 가장 큰 수는 얼마인가요?

4 연필 8타를 20명에게 똑같이 나누어 주면 한 사람에게 몇 자루씩 줄 수 있을까요? 또, 남는 연필은 몇 자루인가요? (단, 연필 1타는 12자루입니다.)

★ 나눗셈의 몫 어림하기
① 나눗셈의 몫을 어림하여 나눗셈을 했을 때 나머지가 나누는 수보다 크면 몫을 너무 작게 어림한 것이므로 몫을 크게 어림하여 나눗셈을 합니다.
② 나눗셈의 몫을 어림하여 나눗셈을 했을 때 나누어지는 수에서 어림한 몫과 나누는 수의 곱을 뺄 수 없을 때에는 몫을 작게 어림하여 나눗셈을 합니다.

★ 나머지는 나누는 수보다 항상 작아야 합니다.

Jump 2 핵심응용하기

핵심 응용 사탕이 1봉지에 18개씩 들어 있습니다. 4봉지에 들어 있는 사탕을 1봉지에 11개씩 다시 포장하면, 몇 봉지가 되고 남는 사탕은 몇 개인가요?

생각열기 4봉지에 들어 있는 사탕은 몇 개인지 생각해 봅니다.

풀이 사탕은 1봉지에 □개씩 들어 있으므로 4봉지에 들어 있는 사탕은

□×□=□(개)입니다.

따라서 사탕 □개를 11개씩 다시 포장하면 □÷11=□…□이므로 □봉지가 되고 남는 사탕은 □개입니다.

답 ______________

확인 1 한솔이는 80쪽의 문제집을 하루에 16쪽씩 풀고 상연이는 96쪽의 문제집을 하루에 12쪽씩 푼다고 합니다. 한솔이와 상연이가 같은 날에 문제집을 풀기 시작했다면, 누가 며칠 먼저 문제집을 모두 풀 수 있을까요?

확인 2 18명이 40일 동안 하여 끝낼 수 있는 일이 있습니다. 이 일을 30명이 하면 며칠 동안 하여 끝낼 수 있을까요? (단, 모든 사람이 하루 동안 할 수 있는 일의 양은 같습니다.)

확인 3 어떤 수를 24로 나누어야 하는 데 잘못하여 21로 나누었더니 몫이 3이고 나머지가 17이 되었습니다. 바르게 계산하였을 때의 몫과 나머지를 구해 보세요.

❖ **몫이 한 자리 수인 (세 자리 수)÷(두 자리 수)의 계산**

$$28\overline{)143} \rightarrow 4,\ 143-112=31$$

(몫을 1 크게 합니다.)

$$28\overline{)143} \rightarrow 5,\ 143-140=3$$

(나머지)>(나누는 수)

❖ **몫이 두 자리 수인 (세 자리 수)÷(두 자리 수)의 계산**

$$21\overline{)738} \rightarrow 3,\ 73-63=10,\ 108$$

$$21\overline{)738} \rightarrow 35,\ 73-63=10,\ 108-105=3$$

(확인) $21\times35=735$, $735+3=738$

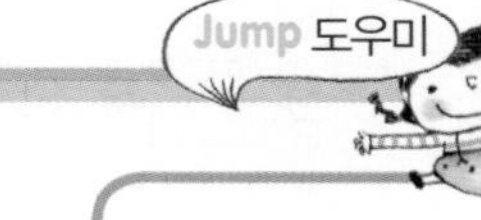

1 나머지가 가장 큰 것부터 차례로 기호를 써 보세요.

㉠ $13\overline{)357}$ ㉡ $28\overline{)219}$ ㉢ $17\overline{)246}$

2 다음 나눗셈의 몫이 5일 때, 0부터 9까지의 숫자 중에서 □ 안에 들어갈 수 있는 숫자는 모두 몇 개인가요?

3□5÷60

★ 몫과 나누는 수의 곱은 나누어지는 수보다 크지 않으면서 나누어지는 수에 가장 가까운 수가 되어야 합니다.

3 어떤 수를 15로 나누었더니 몫이 26이고 나머지는 11이었습니다. 어떤 수는 얼마인가요?

4 지금 시각은 오후 2시입니다. 지금부터 475분 후의 시각을 구해 보세요.

Jump 2 핵심응용하기

핵심 응용

사과 882개와 복숭아 756개가 있습니다. 사과는 한 상자에 42개씩 넣었고 복숭아는 한 상자에 몇 개씩 넣었더니 사과와 복숭아의 상자 수가 같았습니다. 복숭아는 한 상자에 몇 개씩 넣었을까요?

생각 열기 먼저 사과를 넣은 상자 수를 구합니다.

풀이 사과를 넣은 상자 수는 882÷☐=☐(상자)입니다.
사과와 복숭아의 상자 수가 같으므로 복숭아는 한 상자에
756÷☐=☐(개)씩 넣었습니다.

답 ______

확인 1

길이가 442 m인 길의 한쪽 끝에서 다른 쪽 끝까지 13 m 간격으로 나무를 심으려고 합니다. 나무는 모두 몇 그루 필요한가요?

확인 2

5장의 숫자 카드를 모두 사용하여 (세 자리 수)÷(두 자리 수)의 몫이 가장 큰 수가 되도록 ☐ 안에 알맞은 수를 써넣으세요.

확인 3

한별이네 학교 4학년 학생 187명이 짝짓기 놀이를 하였습니다. 1회에 13명씩 짝짓기 놀이를 하였고, 2회에서는 1회에 짝을 지은 학생들이 다시 22명씩 짝을 지었습니다. 2회에서 짝을 짓지 못한 학생은 몇 명인가요?

1 규형이네 학교에서는 보육원에 1자루에 485원 하는 연필을 매달 50타씩 1년 동안 보냈습니다. 1년 동안 보육원에 보낸 연필의 값은 얼마인가요? (단, 연필 1타는 12자루입니다.)

2 길이가 70 m인 기차가 있습니다. 이 기차가 1초 동안 24 m를 달린다면, 362 m의 터널을 완전히 통과하는 데는 몇 초가 걸릴까요?

3 사과 6개와 귤 17개의 값은 8800원이고 사과 3개와 귤 2개의 값은 3100원입니다. 사과와 귤은 각각 1개에 얼마인가요?

4 상연이네 집에는 매주 일요일은 빼고 매일 우유가 배달되어 옵니다. 우유 1팩의 양은 250 mL이고 하루에 3팩씩 배달되어 온다면, 7월 한 달 동안 배달되어 온 우유의 양은 모두 몇 mL인가요? (단, 7월 1일은 목요일입니다.)

5 사과 824개를 24개들이 17상자에 담고 나머지는 26개들이 상자에 담으려고 합니다. 남김없이 모두 담으려면, 26개들이 상자는 몇 개 필요한가요?

6 □ 안에 알맞은 숫자를 써넣으세요.

$$
\begin{array}{ccccc}
 & & 3 & 7 & \square \\
 & \times & & \square & 8 \\
\hline
 & 3 & 0 & \square & 2 \\
1 & \square & \square & 6 & \\
\hline
1 & \square & \square & \square & 2
\end{array}
$$

7 3을 325번 곱했을 때, 곱의 일의 자리 숫자를 구해 보세요.

8 무게가 같은 빵 50개가 들어 있는 1상자의 무게는 10 kg입니다. 빵 50개의 무게는 상자의 무게보다 8 kg이 더 무겁다고 합니다. 빵 1개의 무게는 몇 g인가요?

9 ㉠을 23으로 나누면 몫이 32, 나머지가 16입니다. ㉠을 ㉡으로 나누면 몫과 나머지가 서로 바뀝니다. 이때 ㉡에 알맞은 수를 구해 보세요.

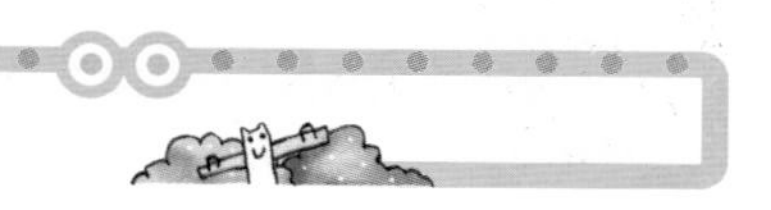

10 다음에서 몫이 8이 될 수 있는 수 중에서 가장 큰 수가 되도록 □ 안에 알맞은 수를 써넣으세요.

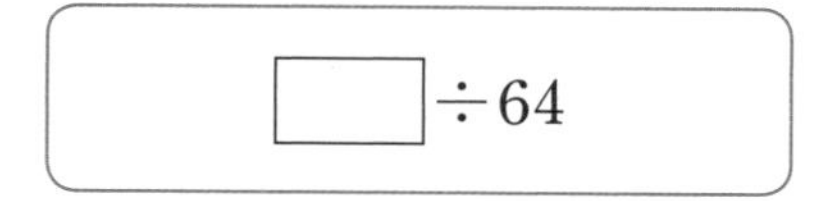

11 예슬이는 500원짜리 지우개와 1200원짜리 공책을 같은 수만큼 샀습니다. 공책을 사는 데 쓴 돈이 지우개를 사는 데 쓴 돈보다 3500원이 더 많다면, 지우개와 공책을 사는 데 쓴 돈은 모두 얼마인가요?

12 □ 안에 알맞은 숫자를 써넣으세요.

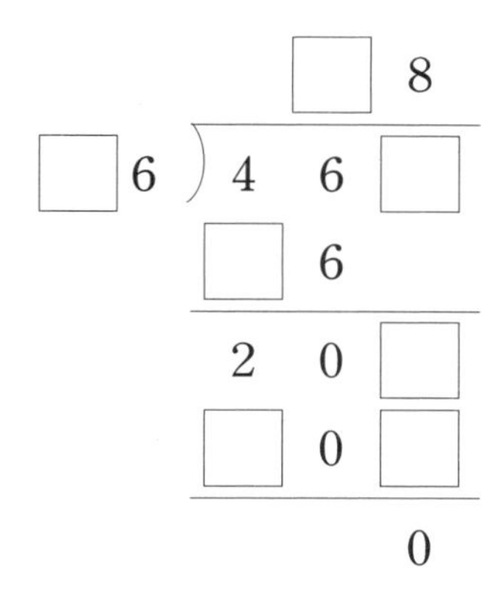

13 5장의 숫자 카드를 한 번씩만 사용하여 곱이 가장 큰 (세 자리 수)×(두 자리 수)의 곱셈식을 쓰고 두 수의 곱을 구해 보세요.

3 7 9 2 6

14 어떤 세 자리 수를 35로 나누었을 때 나머지가 가장 크게 되는 수 중에서 500에 가장 가까운 수를 구해 보세요.

15 두 수가 있습니다. 이 두 수를 곱하면 153이고 두 수 중 큰 수를 작은 수로 나누면 몫이 17로 나누어떨어집니다. 이 두 수를 구해 보세요.

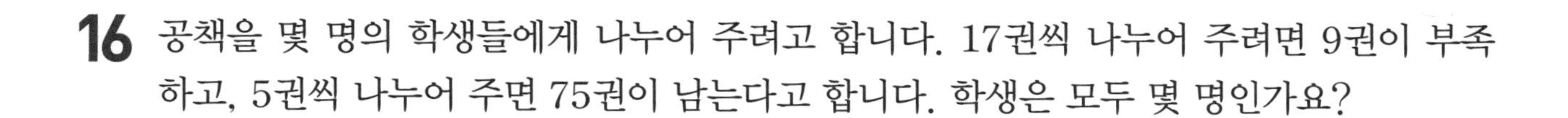
2문제 틀렸어요 ▶ 왕중왕문제를 풀어 보세요.
3~8문제 틀렸어요 ▶ 틀린 문제를 다시 확인 하세요.
9문제 이상 틀렸어요 ▶ 핵심 알기부터 다시 풀어 보세요.

3
단원

16 공책을 몇 명의 학생들에게 나누어 주려고 합니다. 17권씩 나누어 주려면 9권이 부족하고, 5권씩 나누어 주면 75권이 남는다고 합니다. 학생은 모두 몇 명인가요?

17 다음에서 ㉠÷㉢은 얼마인가요?

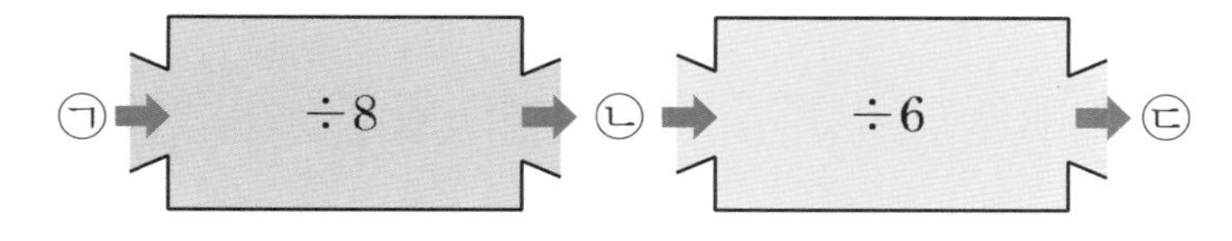
㉠
÷8
㉡
÷6
㉢

18 길이가 3 m 25 cm인 테이프 57개를 한 줄로 이어 긴 끈을 만들었습니다. 풀칠하여 겹친 부분이 5 cm씩이면, 긴 끈의 길이는 몇 m 몇 cm인가요?

1 서로 다른 두 수 ㉮, ㉯가 다음과 같을 때, ㉮+㉯의 값을 구해 보세요.

- ㉮÷㉯=9
- ㉮−㉯=208

2 어떤 연속하는 세 수의 곱이 3□□□0이라고 할 때, 연속하는 세 수의 합을 구해 보세요.

3 (세 자리 수)÷(두 자리 수)의 나눗셈식에서 일부분이 찢어져 보이지 않습니다. 이 나눗셈식에 알맞은 (세 자리 수)×(몫)을 구해 보세요.

70 ÷46= …13

4 유승이네 동네에 아이스크림 가게가 새로 생겼습니다. 이 가게에서는 950원짜리 아이스크림을 7번 사 먹으면 8번째는 무료로 주는 행사를 하고 있습니다. 행사 기간 동안 유승이네 가족이 무료로 받은 아이스크림을 포함하여 모두 25개를 먹었다면, 아이스크림 하나당 할인받은 금액은 얼마인가요?

3 단원

5 어떤 세 자리 수를 27로 나누었을 때, 몫과 나머지가 같습니다. 이와 같은 조건을 만족하는 세 자리 수는 모두 몇 개인가요?

6 어느 과일 가게에서는 1개에 750원씩 하는 바나나 300개를 사 왔습니다. 그중에서 35개는 썩어서 버리고 나머지를 팔아 13500원의 이익을 남겼습니다. 이 가게에서는 바나나 1개를 얼마씩 팔았을까요?

7 2를 10번 곱하면 1024가 됩니다. 2를 20번 곱하면 몇 자리 수가 될까요?

8 효근이네 학교 4학년 학생들이 짝을 지어 체조를 하기로 하였습니다. 12명씩 짝을 지으면 10명이 남는다고 합니다. 4학년은 모두 8반까지 있고 학생 수가 가장 많은 반은 24명, 가장 적은 반은 21명이라고 합니다. 효근이네 학교 4학년 학생은 모두 몇 명인가요?

9 연속하는 세 자연수가 있습니다. 세 수는 모두 두 자리 수이고 세 수의 곱은 10626입니다. 세 수의 합이 60보다 크고 68보다 작을 때, 세 자연수를 구해 보세요.

10 다음 대화를 보고 혜정이의 말처럼 4학년 학생에게 사탕을 모두 나누어 주려면 최소한 몇 개의 사탕을 더 사야 할까요? (단, 처음에 가지고 있던 사탕의 개수는 200개보다는 많고 400개보다는 적습니다.)

> 지연: 우리 반 학생은 24명이라서 사탕을 모두 남김없이 똑같이 나누어 줄 수 있어.
> 건우: 우리 반 학생은 32명이라서 사탕을 모두 남김없이 똑같이 나누어 줄 수 있어.
> 혜정: 음. 사탕을 어느 한 반에게만 나누어 주는건 공평하지 않아. 4학년 전체 학생 72명에게 똑같이 나누어 주면 좋을 것 같은데 그러면 사탕이 남거나 부족할 것 같아.

11 ㉠, ㉡, ㉢, ㉣은 1부터 6까지의 서로 다른 숫자입니다. 이 중 ㉠과 ㉡은 짝수이고, ㉢과 ㉣은 홀수입니다. ㉠, ㉢, ㉣을 한 번씩 사용하여 세 자리 수를 만든 후 ㉡으로 나누었을 때 나누어떨어지는 경우는 모두 몇 가지인지 구해 보세요.

12 여섯 자리 수 ◆●◆●◆●=◆●×□×3입니다. 같은 모양은 같은 숫자를 나타내고 ◆와 ●는 서로 다른 숫자를 나타낼 때, □ 안에 알맞은 수를 구해 보세요.

13 ㉠과 ㉡은 서로 다른 숫자입니다. 곱셈식에 알맞은 ㉠과 ㉡의 합을 구해 보세요.

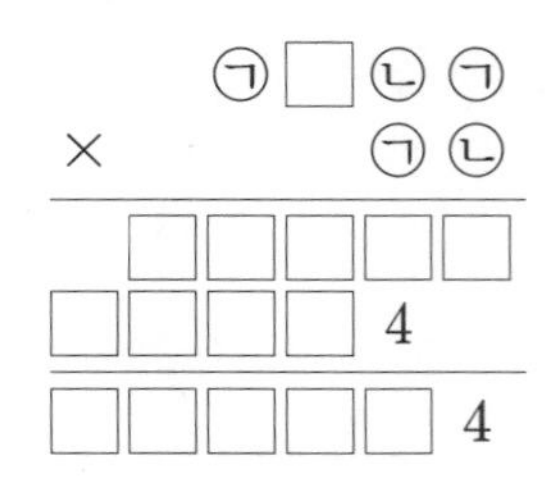

14 다음 나눗셈식의 □ 안에는 같은 숫자가 들어갑니다. 나눗셈의 나머지가 77일 때, □ 안에 들어갈 숫자를 구해 보세요.

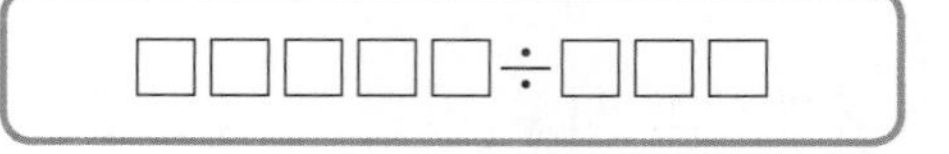

15 어느 채소 가게에서 배추 500포기를 375000원에 사서 한 포기에 150원의 이익을 붙여 팔다가 몇 포기는 썩어서 버렸습니다. 배추를 팔아서 37200원의 이익을 남겼다면, 썩어서 버린 배추는 몇 포기인가요?

16 가영이는 동화책을 읽고 있었습니다. 그런데 동화책의 여러 부분이 떨어져 나가고 없었습니다. 세 장이 떨어져 나간 부분을 펼친 뒤 두 면에 나타난 쪽수끼리 곱해보니 1710이었습니다. 펼쳐진 면의 두 쪽수의 합은 얼마인가요?

17 4배 하면 세 자리 수, 5배 하면 네 자리 수가 되는 자연수는 모두 몇 개인가요?

18 유리병 한 개를 운반하면 30원씩 수고비를 받고, 한 개를 깨면 수고비가 없이 50원씩 병값으로 변상한다고 합니다. 운반할 유리병은 모두 936개였지만 운반 도중 37개를 깼다고 하면 얼마의 수고비를 받아야 할까요?

Jump 5 영재교육원 입시대비문제

1 3, 4, 5와 같이 어떤 연속하는 세 수의 곱이 21□□4라고 할 때, 연속하는 세 수의 합을 구해 보세요.

2 그림과 같은 규칙으로 숫자가 쓰인 구슬을 서로 다른 7개의 상자에 담으려고 합니다. 2010이 쓰인 구슬은 어느 색 상자에 담아야 할까요?

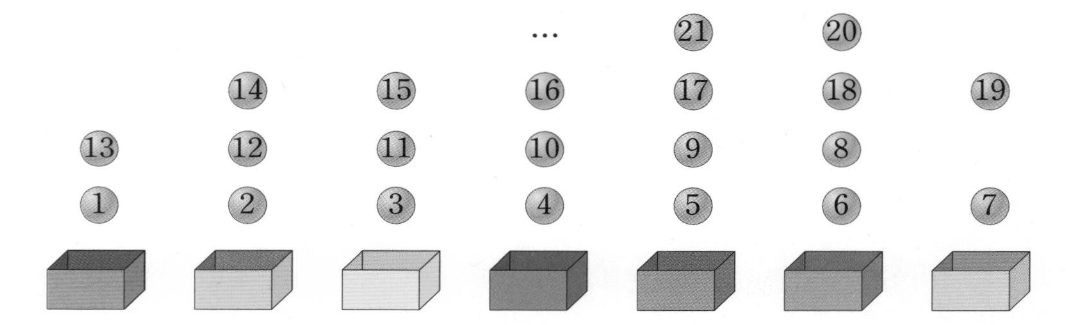

단원 4

평면도형의 이동

이야기 수학

아빠의 도장

지난 주말에 상연이는 아빠와 함께 도장을 새기는 가게에 갔습니다.
아빠께서 도장을 잃어버려 새 도장이 필요했기 때문입니다.
아빠의 도장을 새기는 동안 상연이는 옆에서 도장 새기는 모습을 지켜보다가 이상한 생각이 들어 아빠께 여쭤 보았습니다.
"아빠, 아빠 성함을 뒤집힌 모양으로 새기는 이유가 뭐예요?"
"하하, 종이에 도장을 찍었을 때 이름이 바른 모양으로 나오게 하려면 옆으로 뒤집은 모양으로 새겨야 하는 거란다."
"아~, 그렇군요. 그럼 제 이름을 도장에 새긴 모양을 한 번 그려 볼게요. 아빠께서 확인 좀 해 주세요."
"음, 그러려므나."
상연이가 도장에 새길 모양을 그렸습니다. 상연이는 제대로 그린걸까요?

1. 점의 이동

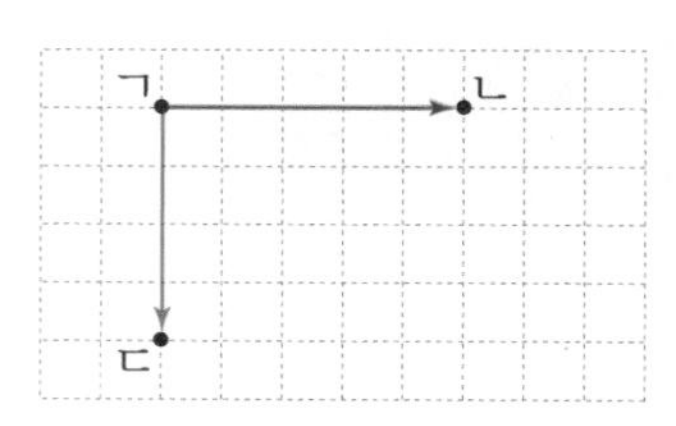

- 점 ㄱ을 점 ㄴ의 위치로 옮기려면 오른쪽으로 5칸 이동해야 합니다.
- 점 ㄱ을 점 ㄷ의 위치로 옮기려면 아래쪽으로 4칸 이동해야 합니다.

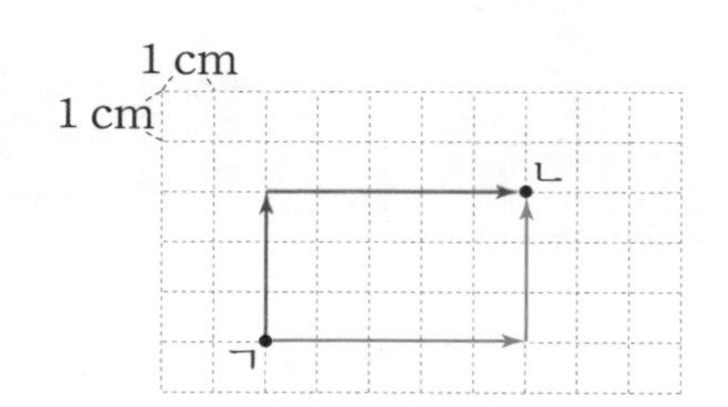

- 점 ㄱ을 점 ㄴ의 위치로 옮기려면 위쪽으로 3 cm, 오른쪽으로 5 cm 이동해야 합니다.
  또는 오른쪽으로 5 cm, 위쪽으로 3 cm 이동해야 합니다.

Jump 도우미

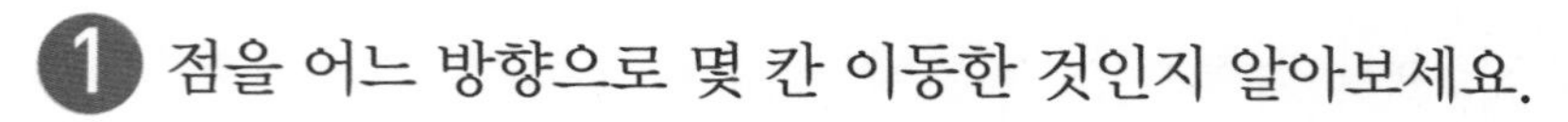

1 점을 어느 방향으로 몇 칸 이동한 것인지 알아보세요.

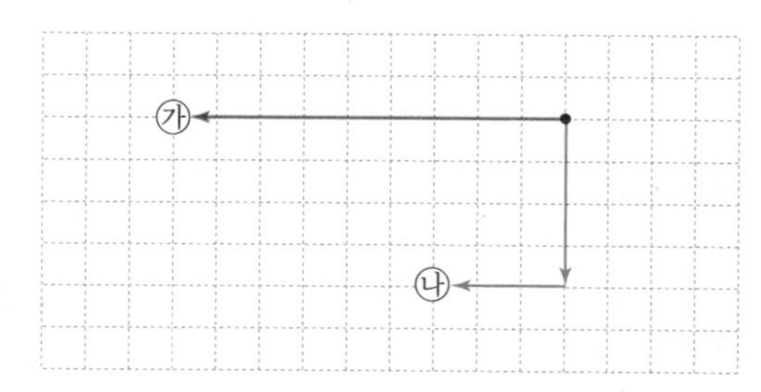

(1) 점을 ☐쪽으로 ☐칸 이동하면 ㉮에 옵니다.

(2) 점을 ㉯로 이동하려면 ☐쪽으로 ☐칸, ☐쪽으로 ☐칸 이동해야 합니다.

2 점 ㉠을 점 ㉡으로 이동하는 방법을 잘못 말한 사람을 찾아 이름을 써 보세요.

1 cm
1 cm
㉠
㉡

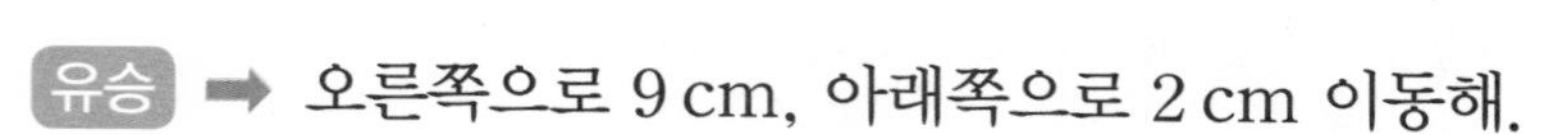

유승 ➡ 오른쪽으로 9 cm, 아래쪽으로 2 cm 이동해.

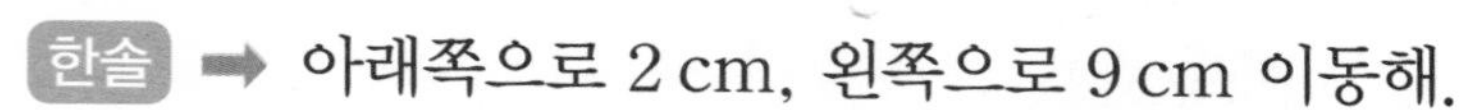

한솔 ➡ 아래쪽으로 2 cm, 왼쪽으로 9 cm 이동해.

한별 ➡ 아래쪽으로 2 cm, 오른쪽으로 9 cm 이동해.

★ 한 칸이 1 cm이므로 몇 칸을 움직였는지 알아보고 이동한 거리를 cm로 나타냅니다.

Jump 2 핵심응용하기

핵심 응용

한솔이와 유승이는 오른쪽 그림과 같이 바둑판 모양의 길을 따라 출발점부터 도착점까지 이동하려고 합니다. 한솔이는 파란색 선을 따라 이동하고 유승이는 빨간색 선을 따라 이동할 때, 두 사람의 간 거리의 차를 구해 보세요.

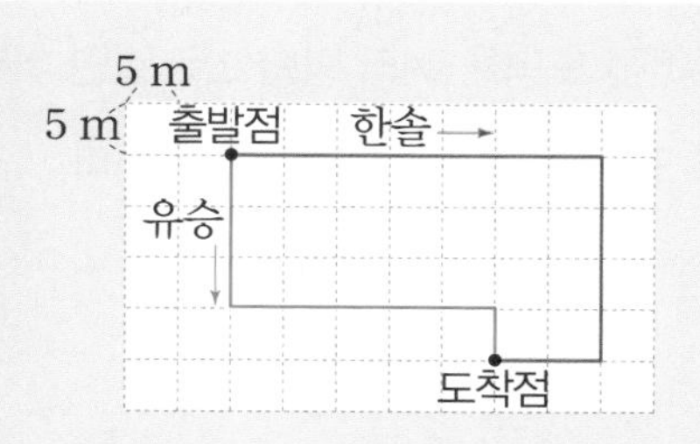

생각열기 두 사람이 각각 이동한 칸의 수를 알아봅니다.

풀이 한솔이는 파란색 선을 따라 이동했으므로 이동한 거리는
(오른쪽으로 □칸)+(아래쪽으로 □칸)+(왼쪽으로 □칸)=□(칸)입니다.
유승이는 빨간색 선을 따라 이동했으므로 이동한 거리는
(아래쪽으로 □칸)+(오른쪽으로 □칸)+(아래쪽으로 □칸)=□(칸)입니다.
가로 방향과 세로 방향의 한 칸의 길이는 □ m이므로 두 사람의 간 거리의 차는 □×□−□×□=□(m)입니다.

답 ____________

확인 1 오른쪽 그림과 같이 바둑판 모양의 길을 따라 ㉮에서 출발하여 ㉯까지 이동하려고 합니다. 가장 가까운 길로 가는 방법은 모두 몇 가지인가요?

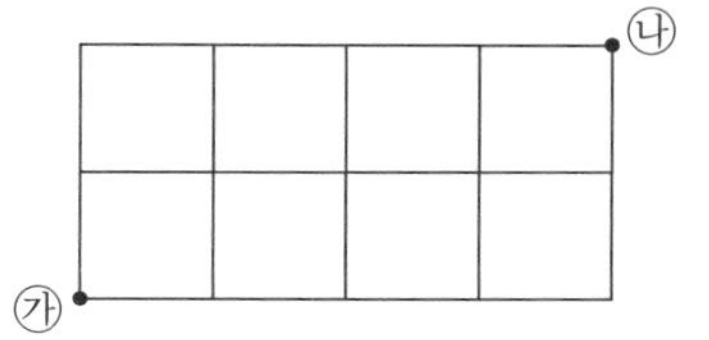

확인 2 오른쪽 그림과 같이 정사각형 모양의 길이 있습니다. ㉮지점에서 출발하여 ㉯지점까지 길을 따라 이동하려고 할 때, 5칸을 이동하여 가는 방법은 모두 몇 가지인가요?

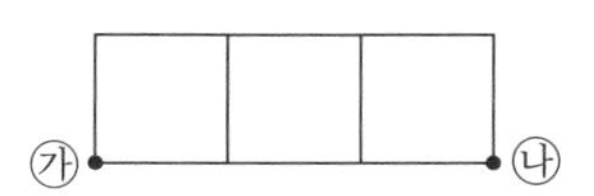

4 단원

주어진 도형을 여러 방향으로 밀면 어떻게 되는지 알아봅니다.

① 도형의 모양은 변하지 않습니다.

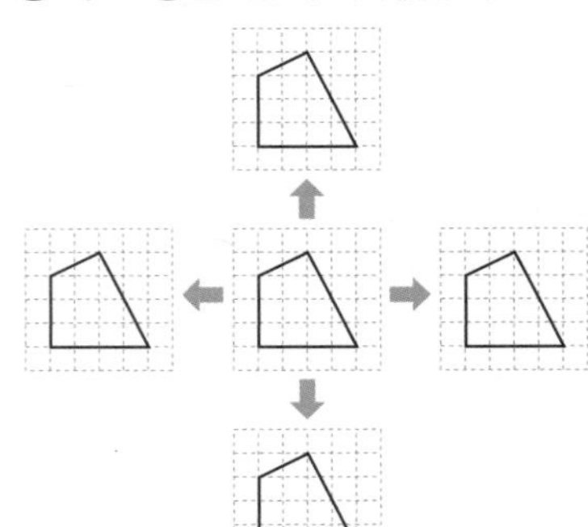

② 미는 방향에 따라 도형의 위치만 변합니다.

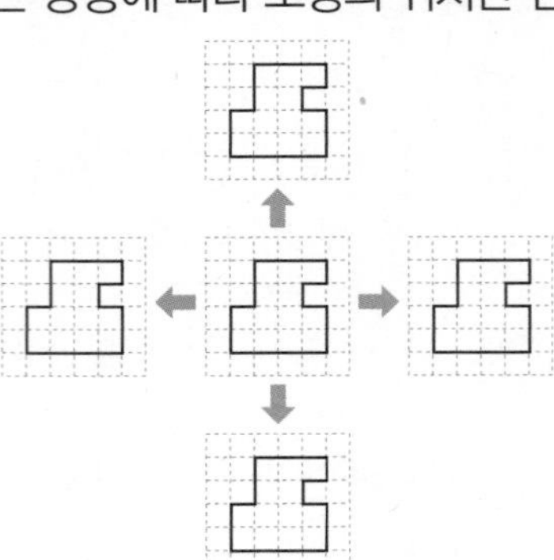

Jump 도우미

★ 도형을 왼쪽, 오른쪽으로 밀어도 모양은 변하지 않습니다.

★ 도형을 위쪽, 아래쪽으로 밀어도 모양은 변하지 않습니다.

1 주어진 도형을 왼쪽과 오른쪽으로 밀었을 때 도형을 각각 그려 보세요.

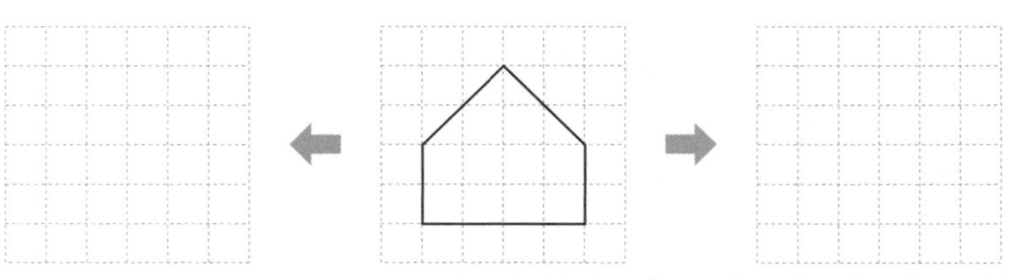

도형을 주어진 방향으로 밀었을 때 도형을 각각 그려 보세요. [❷~❸]

2 **3**

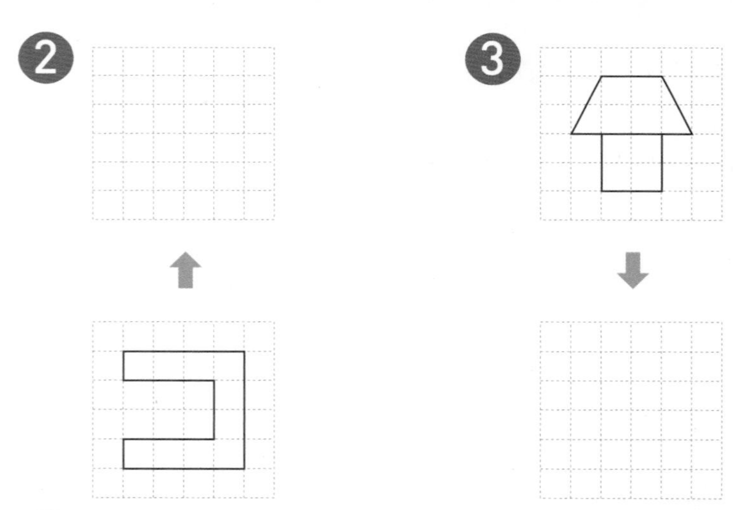

4 어떤 도형을 오른쪽으로 밀었을 때의 모양입니다. 어떤 도형인지 그려 보세요.

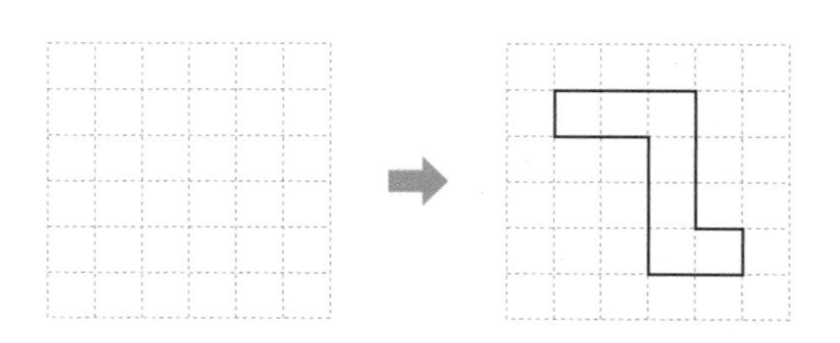

Jump 2 핵심응용하기

핵심 응용 오른쪽 도형을 왼쪽으로 밀고 위쪽으로 민 다음, 다시 오른쪽으로 밀었을 때의 도형을 각각 그려 보세요.

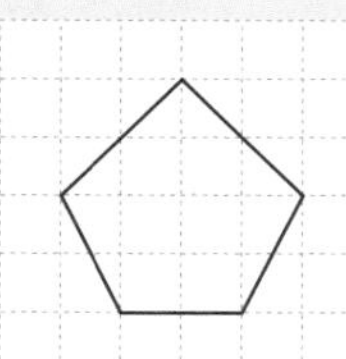

생각열기 도형을 왼쪽, 위쪽, 오른쪽으로 밀었을 때의 도형을 각각 생각해 봅니다.

풀이 도형을 어느 방향으로 밀어도 □ 은 변하지 않습니다.
따라서 왼쪽 → 위쪽 → 오른쪽으로 밀었을 때의 도형은 처음 도형과 모양이 □.

답

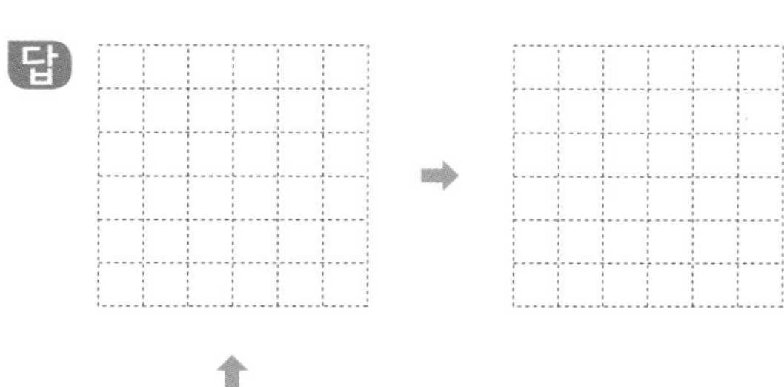

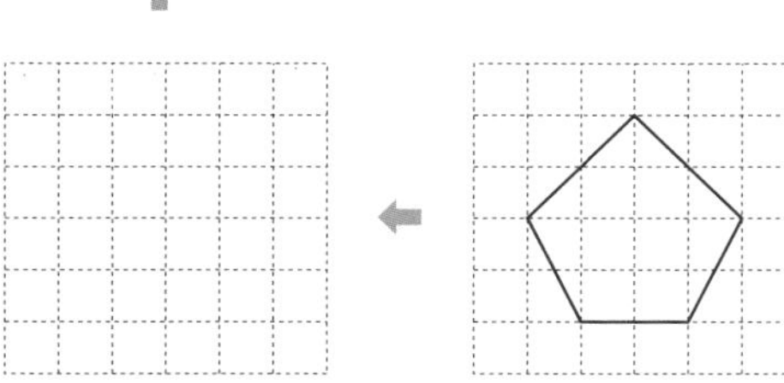

확인 1 어느 방향으로 밀어도 항상 처음 도형과 모양이 같은 것을 모두 찾아 기호를 써 보세요.

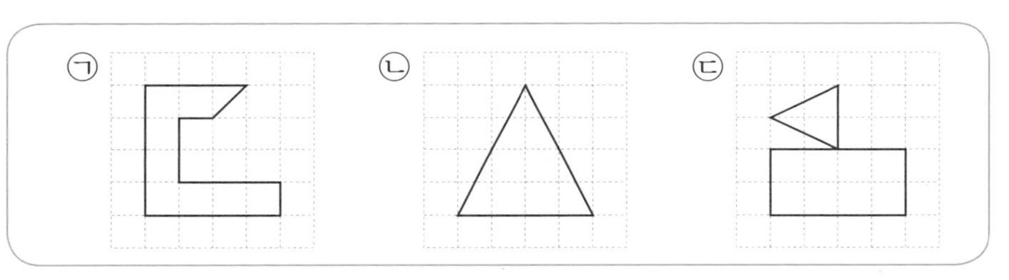

확인 2 왼쪽 도형을 오른쪽으로 2번 밀었을 때의 도형을 그려 보세요.

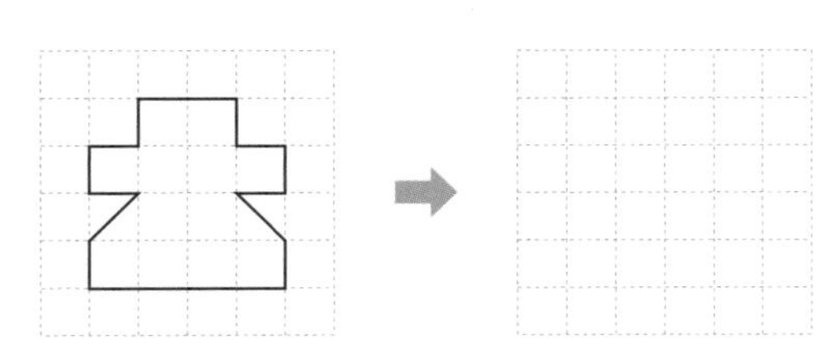

3. 평면도형 뒤집기

- 가운데 도형을 오른쪽이나 왼쪽으로 뒤집으면 도형의 오른쪽은 왼쪽으로, 왼쪽은 오른쪽으로 바뀝니다.
  ➡ 왼쪽으로 뒤집은 모양은 오른쪽으로 뒤집은 모양과 서로 같습니다.
- 가운데 도형을 위쪽이나 아래쪽으로 뒤집으면 도형의 위쪽은 아래쪽으로, 아래쪽은 위쪽으로 바뀝니다.
  ➡ 위쪽으로 뒤집은 모양은 아래쪽으로 뒤집은 모양과 서로 같습니다.

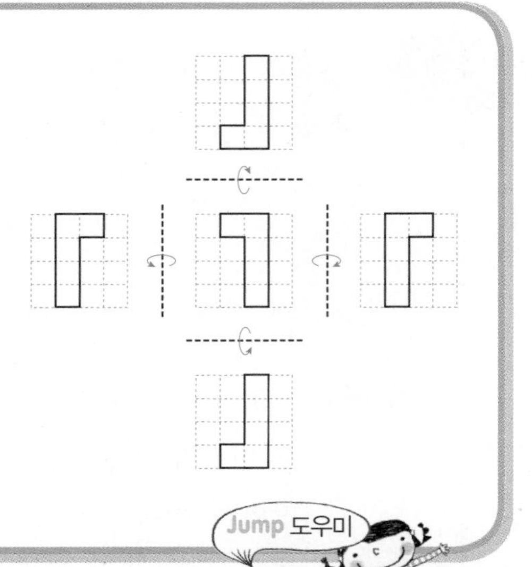

1 주어진 도형을 왼쪽과 오른쪽으로 뒤집은 모양을 각각 그려 보세요.

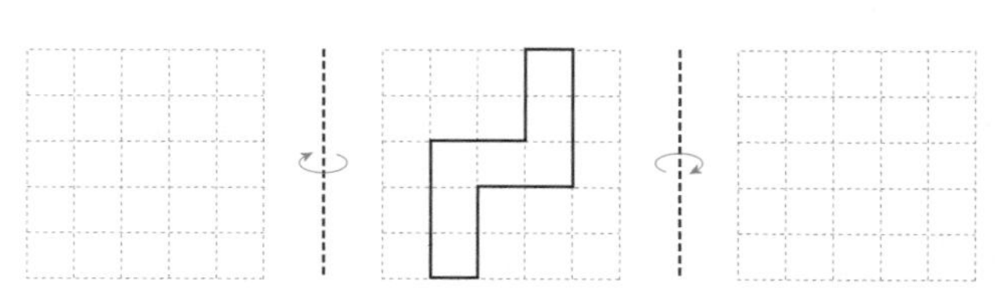

Jump 도우미

★ 도형의 왼쪽은 오른쪽으로, 오른쪽은 왼쪽으로 바뀝니다.

도형을 주어진 방향으로 뒤집었을 때의 모양을 그려 보세요. [❷~❸]

2

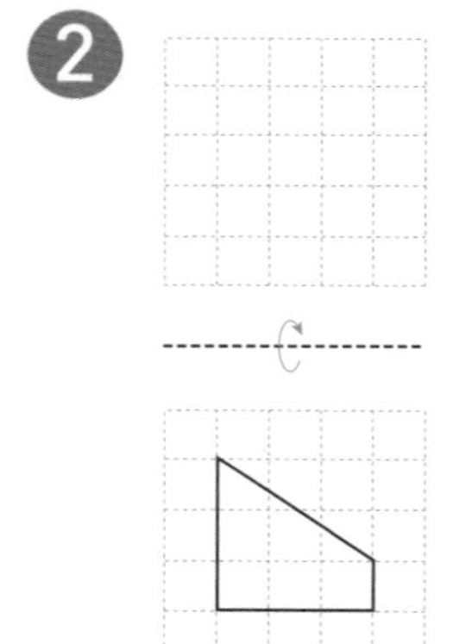

3

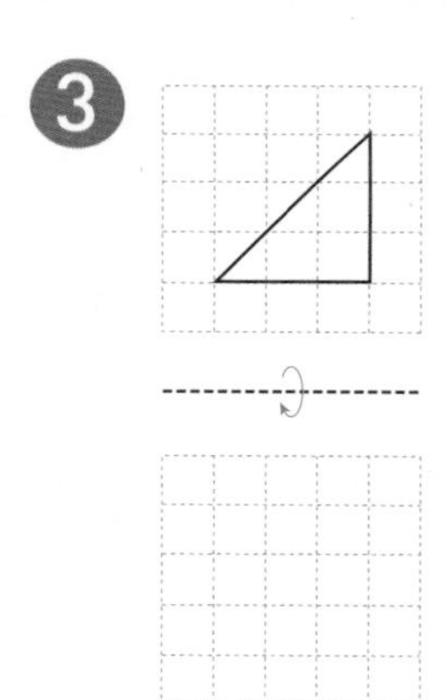

★ 도형의 위쪽은 아래쪽으로, 아래쪽은 위쪽으로 바뀝니다.

4 어떤 도형을 오른쪽으로 뒤집었을 때의 모양입니다. 어떤 도형인지 그려 보세요.

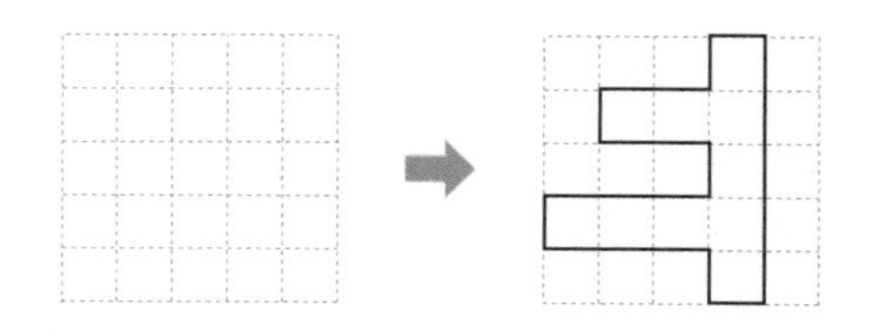

Jump 2 핵심응용하기

핵심 응용 오른쪽 도형을 오른쪽으로 뒤집은 다음, 다시 오른쪽으로 뒤집은 모양을 각각 그려 보세요.

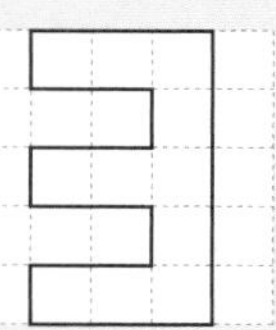

생각열기 먼저 오른쪽으로 뒤집은 도형을 생각해 봅니다.

풀이 도형을 오른쪽으로 뒤집으면 도형의 오른쪽은 ☐으로, 왼쪽은 ☐으로 바뀝니다.

따라서 도형을 오른쪽으로 뒤집은 모양을 다시 오른쪽으로 뒤집으면 처음 모양과 ☐.

답

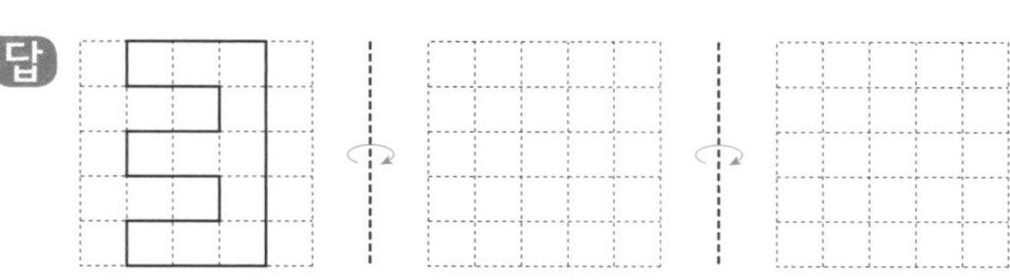

확인 1 위쪽으로 뒤집은 다음, 다시 왼쪽으로 뒤집은 모양이 처음 도형과 같은 것을 찾아 기호를 써 보세요.

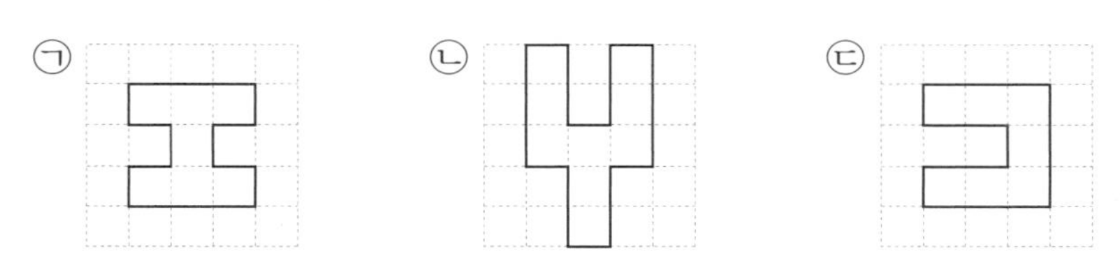

확인 2 왼쪽 도형을 오른쪽으로 민 후 오른쪽으로 뒤집은 모양을 각각 그려 보세요.

4 단원

4. 평면도형 돌리기

• 도형을 (시계 방향으로 직각만큼 돌리기) 방향으로 계속 돌리면 도형의 위쪽이 오른쪽 → 아래쪽 → 왼쪽 → 위쪽으로 바뀝니다.

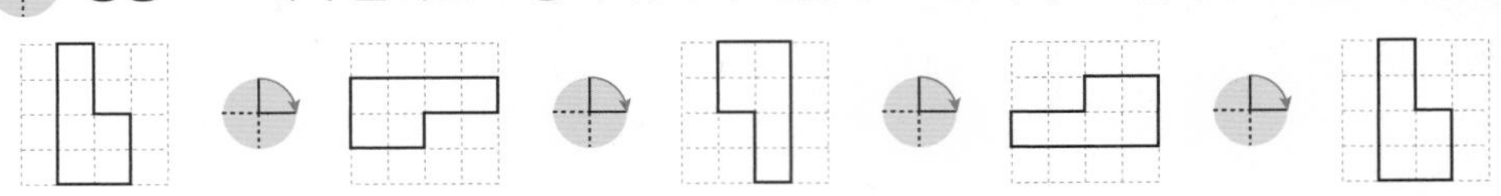

• 도형을 (시계 반대 방향으로 직각만큼 돌리기) 방향으로 계속 돌리면 도형의 위쪽이 왼쪽 → 아래쪽 → 오른쪽 → 위쪽으로 바뀝니다.

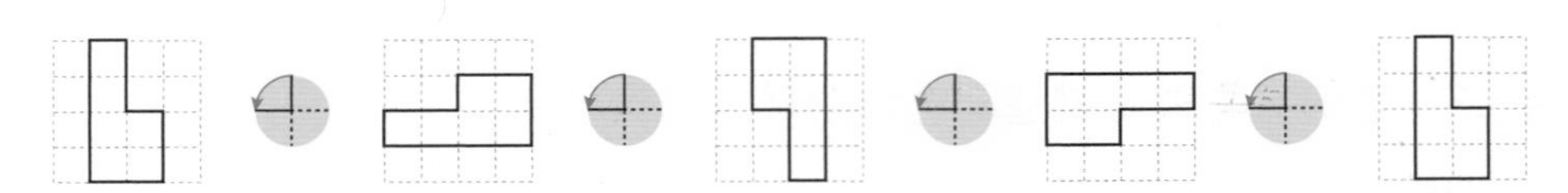

Jump 도우미

1 왼쪽 도형을 여러 방향으로 돌린 모양을 각각 그려 보세요.

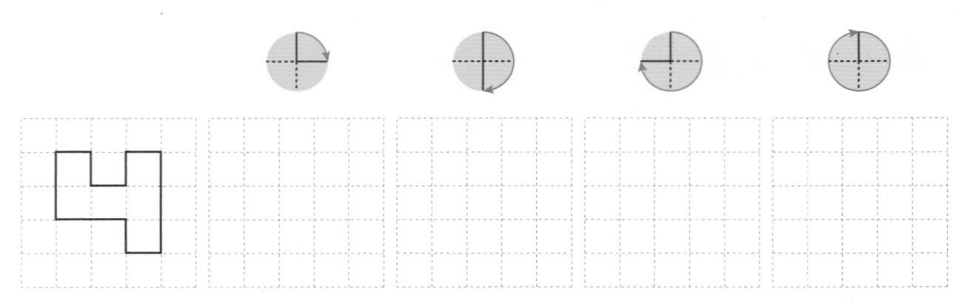

2 도형을 (시계 반대 방향으로 직각만큼 돌리기) 방향으로 돌린 도형과 같은 모양이 되는 것은 어느 것인가요?

① ② ③

④ ⑤

3 왼쪽 글자를 (시계 방향으로 직각만큼 돌리기) 방향으로 돌린 모양을 그려 보세요.

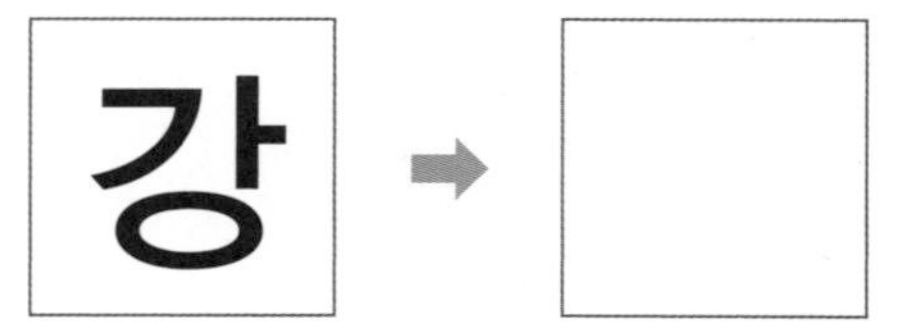

★ 도형을 (시계 반대 방향으로 직각만큼 돌리기) 방향으로 돌린 모양과 (시계 방향으로 직각의 3배만큼 돌리기) 방향으로 돌린 모양은 같습니다.

Jump 2 핵심응용하기

핵심 응용

오른쪽 도형을 (시계 반대 방향 ¼) 방향으로 돌린 다음, 다시 (시계 방향 ¾) 방향으로 돌린 모양을 각각 그려 보세요.

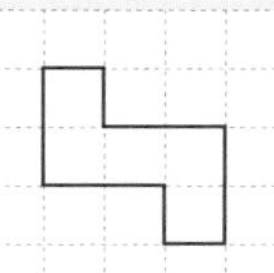

생각열기 먼저 도형을 (시계 반대 방향 ¼) 방향으로 돌린 모양을 생각해 봅니다.

풀이 도형을 (시계 방향 ½) 방향으로 돌린 모양은 [　] 방향으로 2번 돌린 모양과 같습니다.

도형을 (시계 방향 한 바퀴) 방향으로 돌린 모양은 처음 도형과 [　　].

답

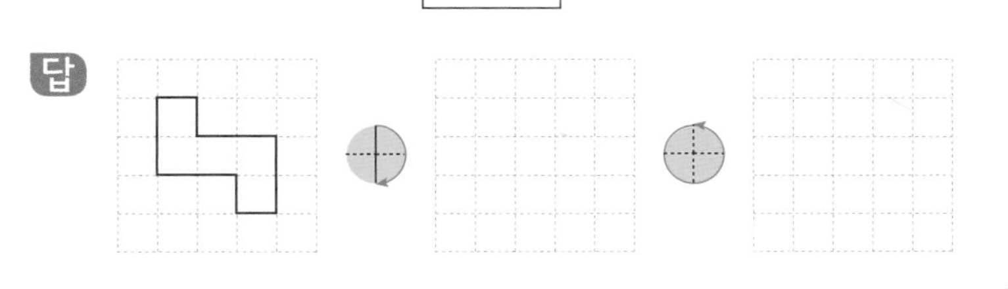

확인 1 도형을 (시계 반대 방향 ¼) 방향으로 2번 돌린 모양이 처음 도형과 같은 것을 찾아 기호를 써 보세요.

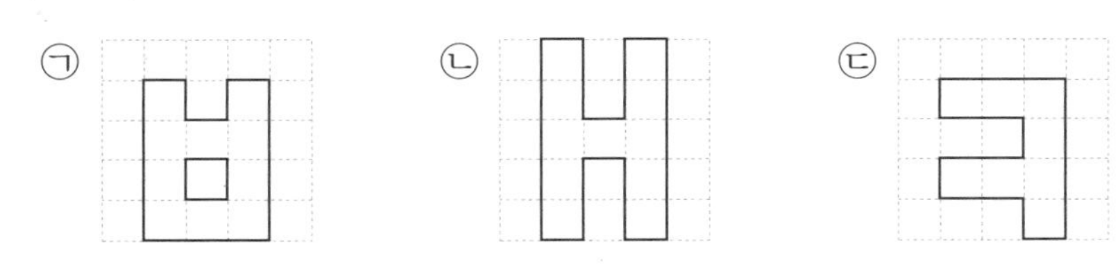

확인 2 왼쪽 도형을 (시계 반대 방향 ¼) 방향으로 돌린 다음, 다시 (시계 방향 ¾) 방향으로 돌린 모양을 각각 그려 보세요.

5. 평면도형 뒤집고 돌리기

도형을 오른쪽, 왼쪽, 위쪽, 아래쪽으로 뒤집고 뒤집은 모양을 다시 여러 방향으로 돌리면 여러 가지 도형이 나옵니다.

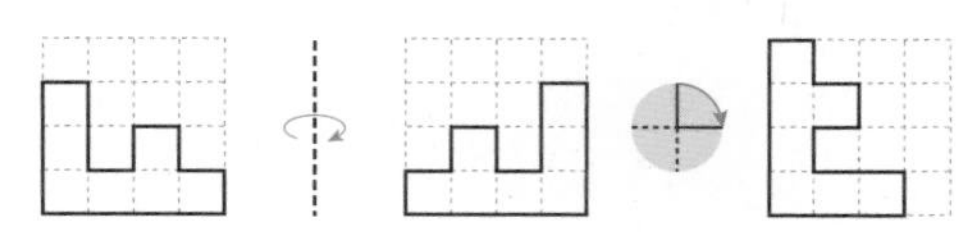

1 주어진 모양을 오른쪽으로 뒤집은 후 방향으로 돌린 모양을 각각 그려 보세요.

도형을 보고 물음에 답해 보세요. [2~3]

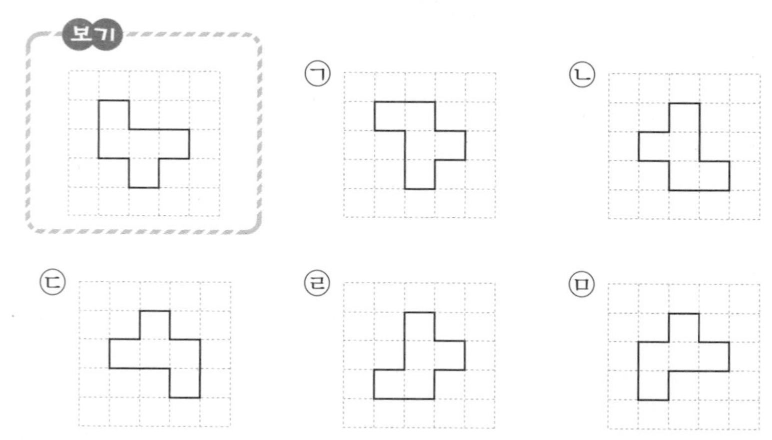

2 보기의 도형을 아래쪽으로 뒤집은 후 방향으로 돌린 모양을 찾아 기호를 써 보세요.

3 보기의 도형을 방향으로 돌린 후 아래쪽으로 뒤집은 모양을 찾아 기호를 써 보세요.

Jump 2 핵심응용하기

핵심 응용

오른쪽 도형을 위쪽으로 뒤집은 후 [rotation symbol] 방향으로 돌린 다음, 다시 아래쪽으로 뒤집은 모양을 각각 그려 보세요.

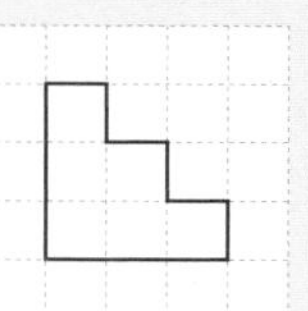

생각 열기 먼저 위쪽으로 뒤집은 도형을 생각해 봅니다.

풀이 도형을 위쪽(아래쪽)으로 뒤집으면 도형의 위쪽과 [   ]이 서로 바뀝니다.
도형을 [rotation symbol] 방향으로 돌리면 도형의 [   ]과 아래쪽, 왼쪽과 [   ]이 서로 바뀝니다.

답

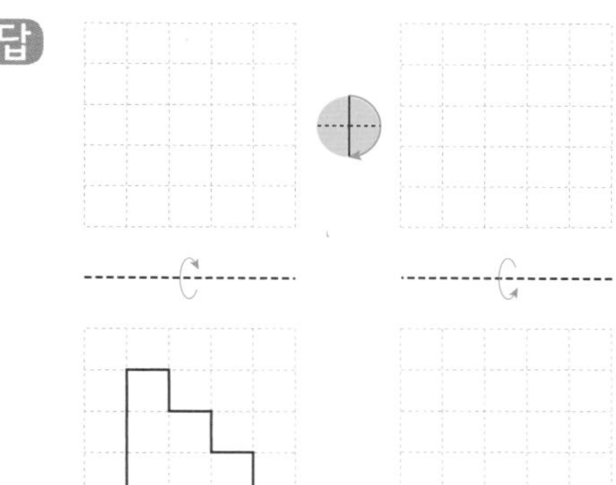

확인 1 왼쪽 도형을 왼쪽으로 2번 뒤집은 후 [rotation symbol] 방향으로 3번 돌린 모양을 그려 보세요.

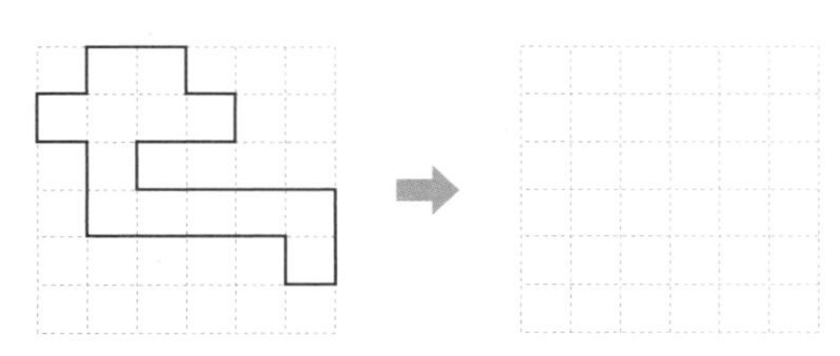

확인 2 왼쪽 도형을 한 번 돌리기 한 후 아래쪽으로 뒤집었더니 오른쪽 모양이 되었습니다. 어떻게 돌리기 한 것인가요?

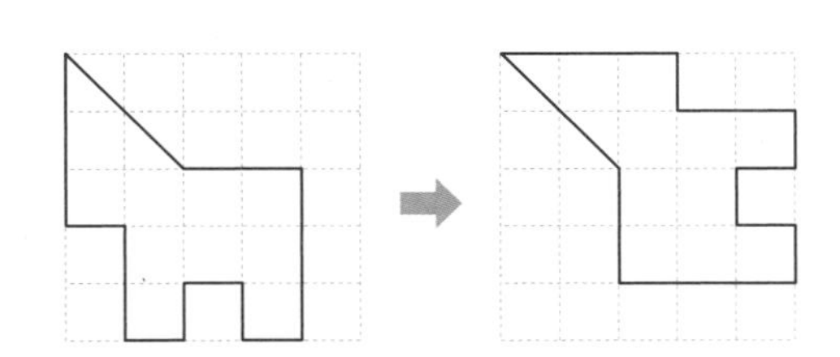

4 단원

1 오른쪽 그림과 같이 바둑판 모양의 길이 있습니다. 달팽이는 점 ㉠에서 출발하여 점 ㉡까지 이동하였습니다. 가로와 세로의 한 칸의 길이가 5 cm라고 할 때, 달팽이가 이동한 거리를 구해 보세요.

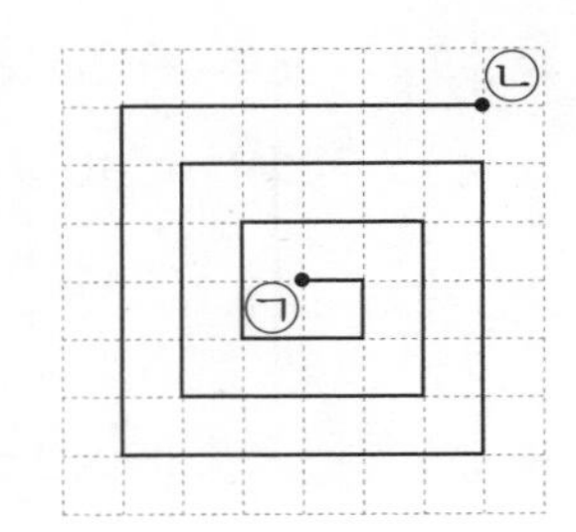

2 왼쪽 도형을 오른쪽으로 뒤집은 다음, 다시 아래쪽으로 뒤집은 도형을 그려 보세요.

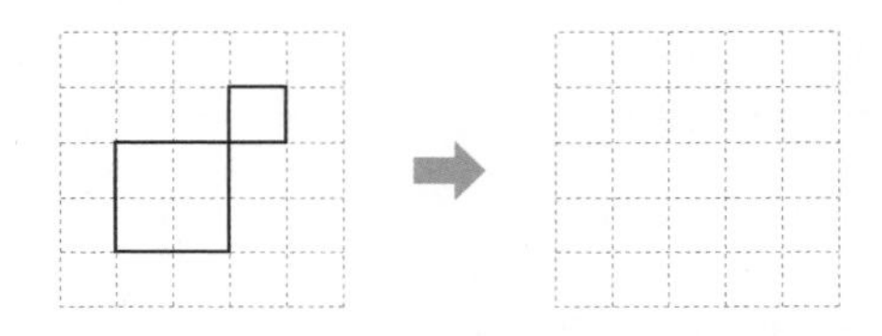

3 오른쪽 도형을 다음과 같이 움직였을 때 생기는 도형이 서로 같아지는 경우는 어느 것과 어느 것인가요?

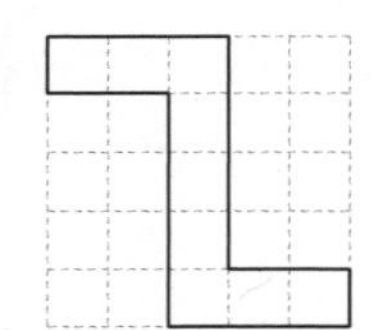

① 오른쪽으로 5번 뒤집기 → 만큼 돌리기 → 위쪽으로 뒤집기

② 오른쪽으로 4번 뒤집기 → 만큼 돌리기 → 위쪽으로 뒤집기

③ 왼쪽으로 3번 뒤집기 → 만큼 돌리기 → 아래쪽으로 5번 뒤집기

④ 왼쪽으로 4번 뒤집기 → 만큼 돌리기 → 아래쪽으로 뒤집기

4 왼쪽 도형을 왼쪽으로 밀고 위쪽으로 뒤집은 후 방향으로 돌린 도형을 각각 그려 보세요.

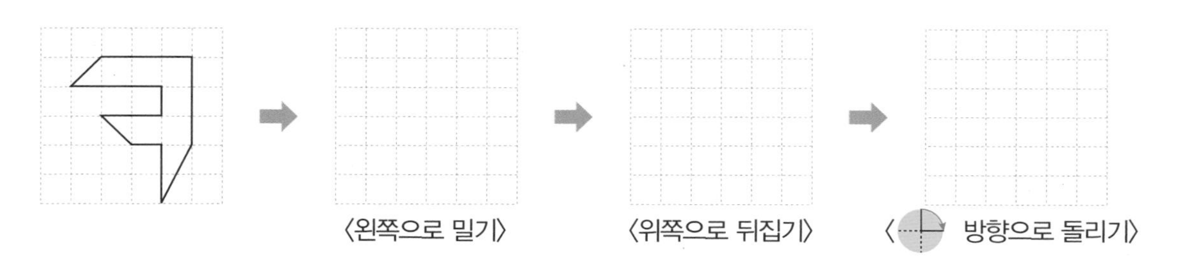

5 어떤 도형을 방향으로 돌린 후 아래쪽으로 뒤집었더니 오른쪽과 같은 도형이 되었습니다. 처음 도형을 그려 보세요.

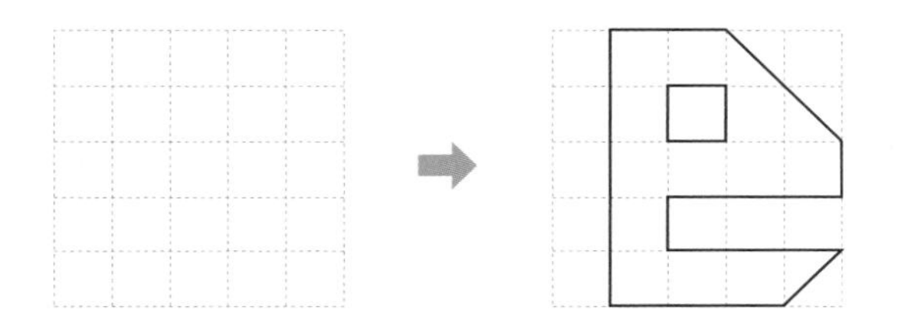

6 모양으로 밀기, 뒤집기, 돌리기의 방법을 이용하여 규칙적인 무늬를 만들어 보세요.

7 도형의 이동에 대한 설명 중 틀린 것은 어느 것인가요?

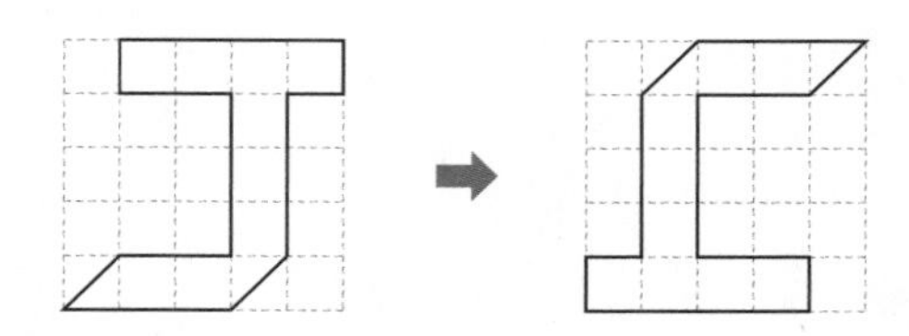

① 왼쪽으로 2번 뒤집은 다음 만큼 돌린 도형입니다.

② 아래쪽으로 4번 뒤집은 다음 만큼 2번 돌린 도형입니다.

③ 오른쪽으로 만큼 돌린 다음 만큼 돌린 도형입니다.

④ 위쪽으로 2번 뒤집은 다음 만큼 2번 돌린 도형입니다.

⑤ 오른쪽으로 2번 뒤집은 다음 만큼 2번 돌린 도형입니다.

8 보기의 도형은 처음 도형을 위쪽으로 한 번 뒤집고 만큼 2번 돌릴 때 생기는 도형입니다. 처음 도형을 그려 보세요.

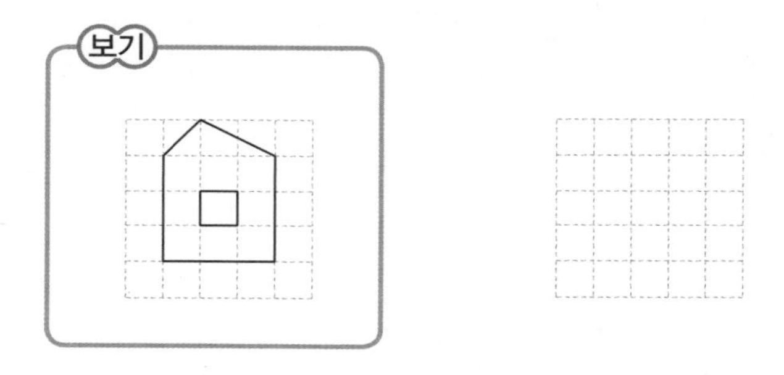

9 도장을 찍어 오른쪽과 같은 글자를 나오게 하려면 도장을 어떻게 새겨야 하는지 빈 곳에 알맞게 그려 보세요.

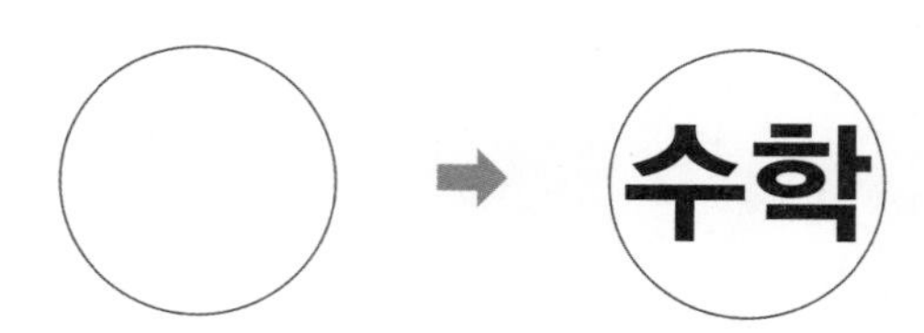

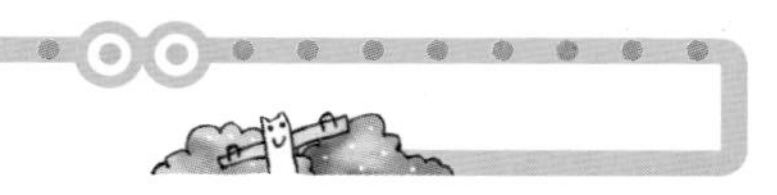

10 오른쪽과 같은 디지털 시계가 있습니다. 디지털 시계의 시각을 왼쪽으로 뒤집었을 때 나오는 시각과 시계 방향으로 180°만큼 돌렸을 때 나오는 시각의 차는 몇 분인지 구해 보세요. (단, 시계는 24시간제입니다.)

11 첫째 투명종이에 주어진 그림을 그린 다음, 시계 반대 방향으로 90°만큼 돌려서 둘째 투명종이에 그림을 그렸습니다. 셋째 투명종이에는 둘째 투명종이 그림을 왼쪽으로 뒤집어 그림을 그렸습니다. 3개의 투명종이를 모두 겹쳤을 때 ▢가 색칠되지 않은 칸의 수는 몇 개인지 구해 보세요.

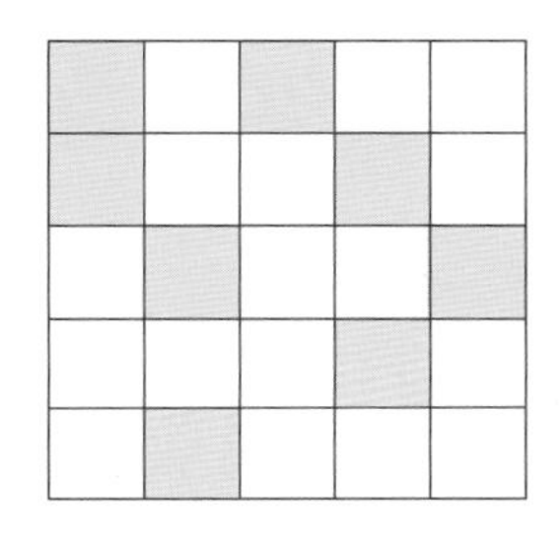

12 왼쪽 도형을 돌리기와 뒤집기를 차례로 한 번씩 하였더니 오른쪽과 같은 도형이 되었습니다. 돌리기와 뒤집기를 어떻게 한 것인가요?

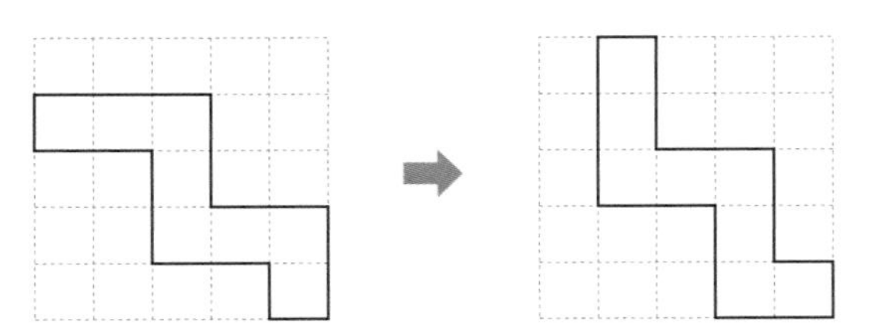

13 왼쪽 도형을 뒤집거나 돌렸을 때 처음 도형과 같아지는 것을 찾아 기호를 써 보세요.

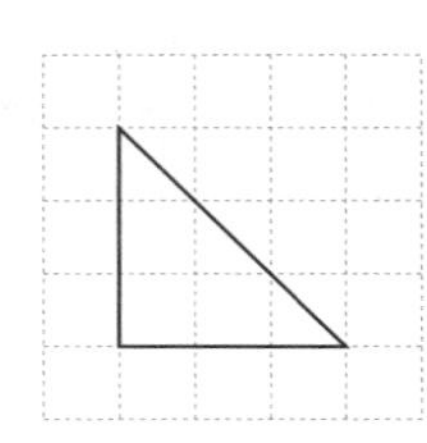

㉠ 왼쪽으로 2번 뒤집기 ➡ (돌리기) ➡ 아래쪽으로 3번 뒤집기

㉡ 오른쪽으로 1번 뒤집기 ➡ 위쪽으로 1번 뒤집기 ➡ (돌리기)

㉢ (돌리기) ➡ 오른쪽으로 3번 뒤집기 ➡ 아래쪽으로 4번 뒤집기

14 왼쪽 모양을 (돌리기) 방향으로 3번 돌린 후 아래쪽으로 2번 뒤집은 모양을 그려 보세요.

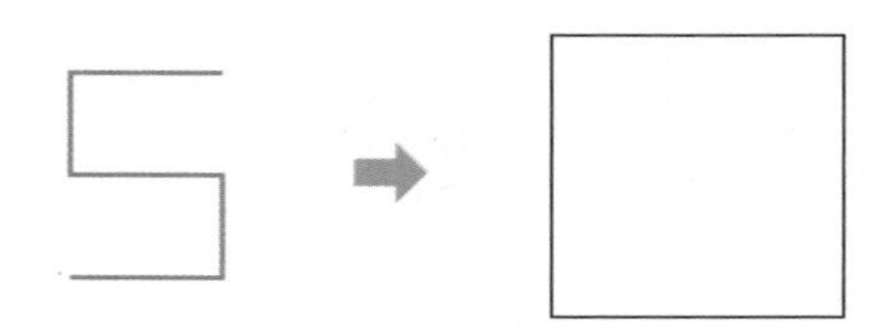

15 한초는 디지털시계의 아래쪽에 거울을 비춰 보았더니 오른쪽과 같았습니다. 지금 시각은 몇 시 몇 분인가요?

02:52

16 처음 도형을 만큼 15번 돌린 뒤 오른쪽으로 4번 뒤집은 도형은 처음 도형을 □만큼 돌린 도형과 같습니다. □ 안에 알맞은 것은 어느 것인가요?

① 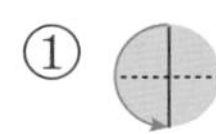　② 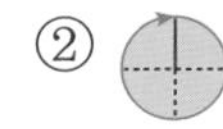　③ 　④ 　⑤ 

17 다음 무늬는 어떤 모양을 규칙적으로 배열한 것인지 그 모양을 그려 보세요.

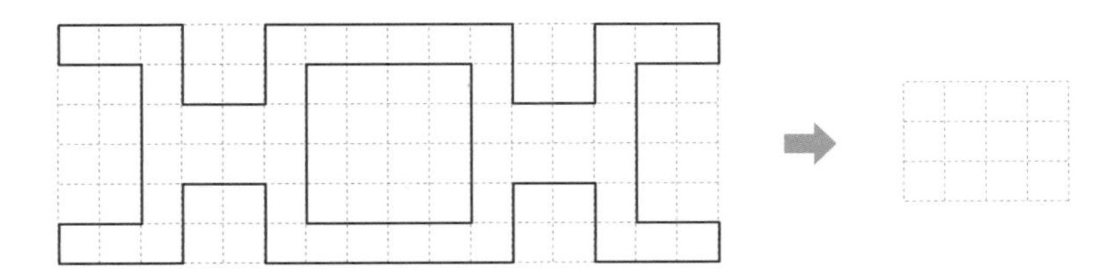

18 오른쪽 도형을 아래쪽으로 4번 밀기를 한 다음, 방향으로 13번 돌린 모양과 같은 모양을 만들려고 합니다. 오른쪽 도형을 방향으로 적어도 몇 번 돌려야 할까요?

1 오른쪽 그림과 같이 바둑판 모양의 길이 있습니다. ㉮지점에 바둑돌을 놓고 길을 따라 ㉯지점까지 이동하려고 할 때, 가장 짧은 길로 이동하는 방법은 모두 몇 가지인가요?

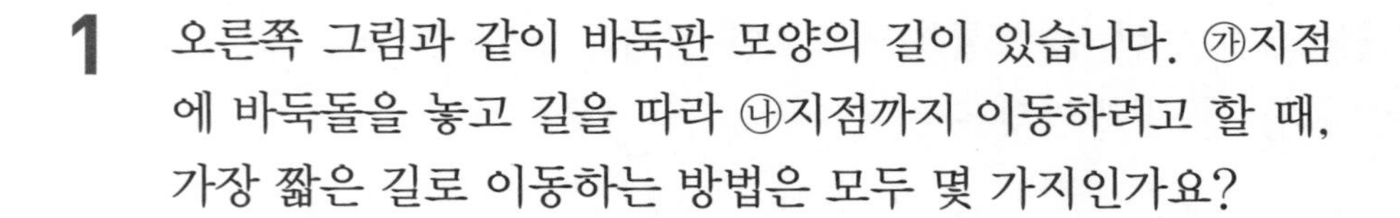

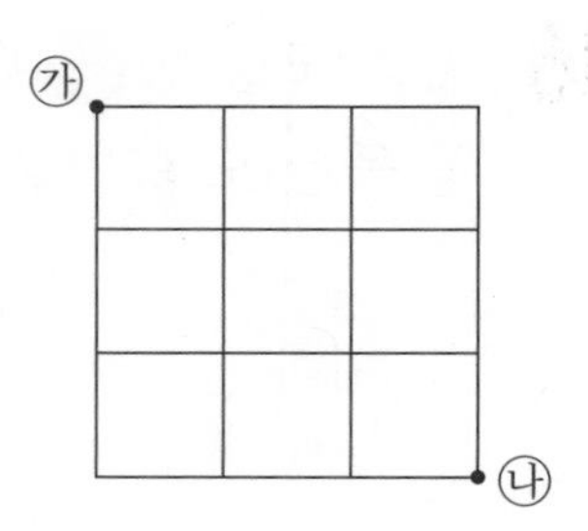

2 도형을 왼쪽으로 2번, 위쪽으로 3번, 아래쪽으로 5번 뒤집은 후에 □만큼 2번 돌리면 처음 도형과 같아집니다. 다음 중 □ 안에 알맞은 것은 어느 것인가요?

① 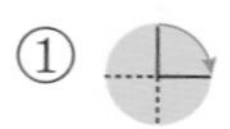　② 　③ 　④ 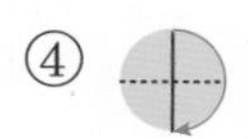　⑤ 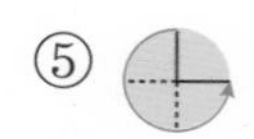

3 주어진 도형을 (회전 표시)만큼 12번 돌리고 오른쪽으로 뒤집은 후 (회전 표시)만큼 7번 돌렸을 때 생기는 도형을 그려 보세요.

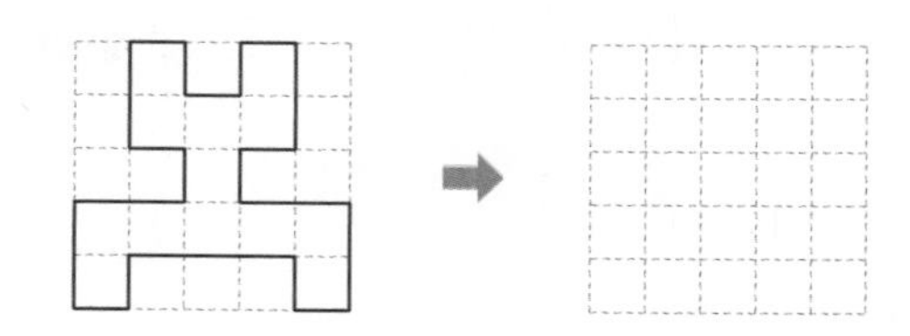

4 왼쪽 도형은 어떤 도형을 아래쪽으로 3번 뒤집고 (도형)만큼 15번 돌려야 할 것을 잘못 하여 위쪽으로 15번 뒤집고 (도형)만큼 3번 돌려서 생긴 도형입니다. 어떤 도형을 바르게 움직인 도형을 그려 보세요.

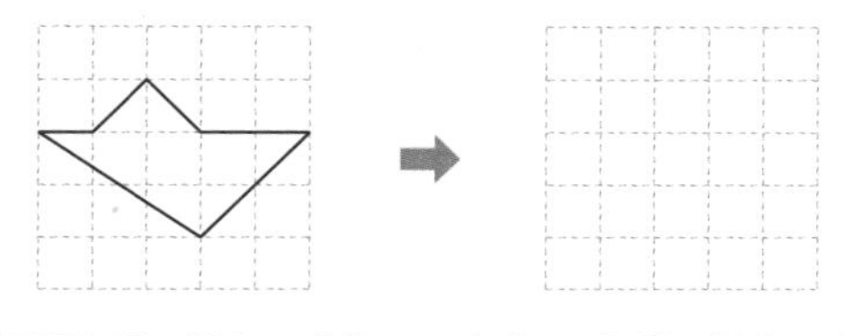

(잘못 움직인 도형) (바르게 움직인 도형)

4 단원

5 다음 그림의 ㅎ이 바른 위치가 되도록 하기 위하여 한초는 다음과 같은 방법으로 그림을 움직였습니다. □ 안에 들어갈 말 또는 가장 작은 수를 쓰되 여러 가지 경우이면 모두 써 보세요.

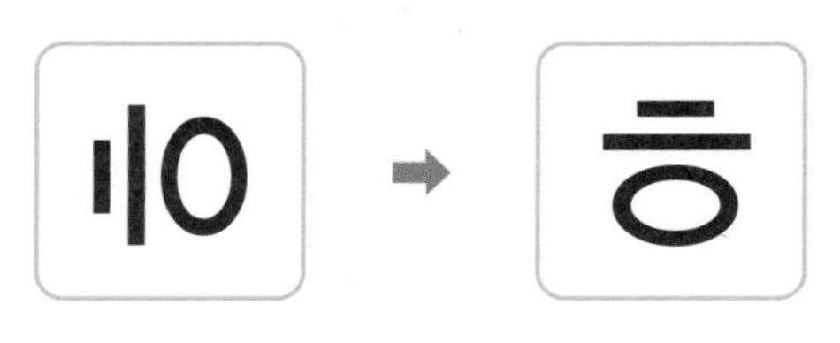

□쪽으로 뒤집기 → (도형) 만큼 □번 돌리기 → 위쪽으로 뒤집기

6 왼쪽 도형을 왼쪽 → 오른쪽 → 왼쪽 → 위쪽 → 아래쪽 → 아래쪽으로 뒤집은 후 (도형) 방향으로 5번 돌린 도형을 그려 보세요.

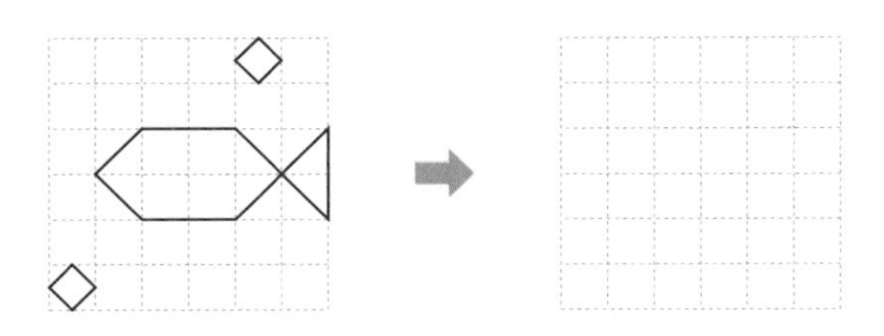

7 다음과 같이 디지털 숫자가 적혀 있는 카드를 한 번씩만 사용하여 가장 큰 세 자리 수를 만들었습니다. 만든 수를 오른쪽으로 뒤집기 한 수를 ㉠, 아래쪽으로 뒤집기 한 수를 ㉡, 시계 방향으로 180°만큼 돌린 수를 ㉢이라 할 때, ㉠+㉡−㉢을 구해 보세요.

8 왼쪽 도형을 위쪽으로 37번, 오른쪽으로 50번 뒤집고 ![]만큼 63번 돌렸더니 오른쪽 도형과 같아졌습니다. 왼쪽 도형을 그려 보세요.

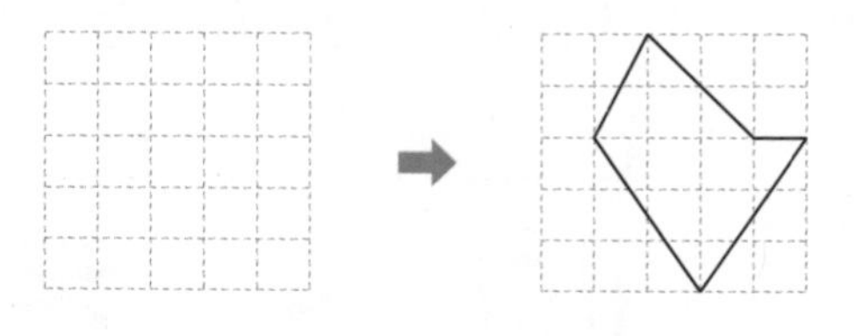

9 오른쪽 도형은 왼쪽 도형을 아래쪽으로 23번, 오른쪽으로 □번 뒤집은 다음 ![]만큼 26번 돌렸을 때 생긴 도형입니다. □ 안에 들어갈 수를 가장 작은 수부터 차례로 3개만 써 보세요.

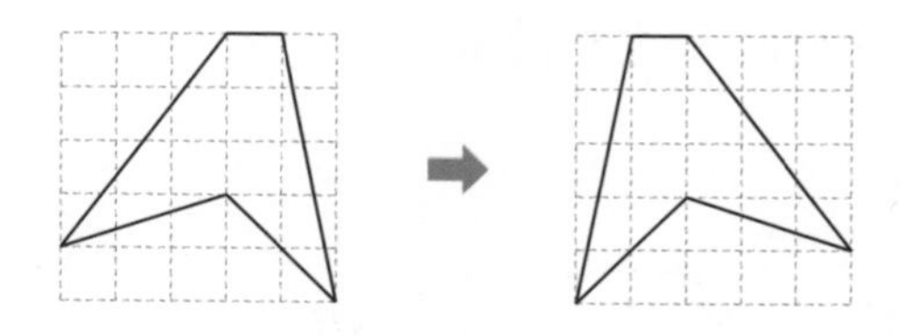

10 주어진 도형을 오른쪽으로 3번 뒤집고 (회전 기호) 만큼 2번 돌린 후 위쪽으로 3번 뒤집었을 때 생기는 도형을 그려 보세요.

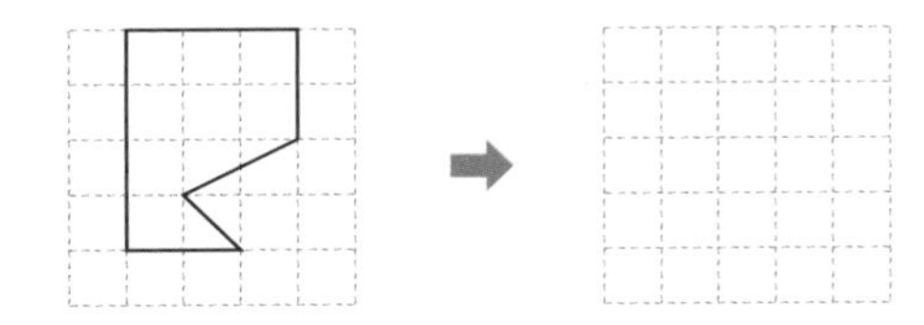

11 어떤 도형을 (회전 기호) 방향으로 10번 돌리고 (회전 기호) 방향으로 13번 돌린 후 위쪽으로 뒤집은 다음, 다시 아래쪽으로 밀었더니 오른쪽과 같은 도형이 되었습니다. 처음 도형을 그려 보세요.

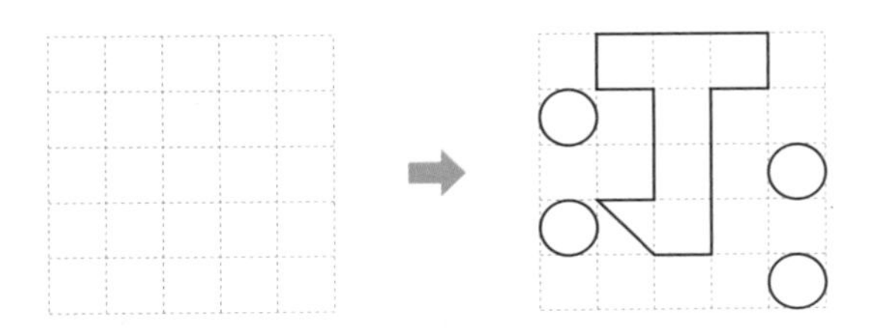

12 왼쪽 도형을 움직여서 오른쪽 무늬를 만들었습니다. 도형을 돌려서 만든 모양은 모두 몇 군데인가요?

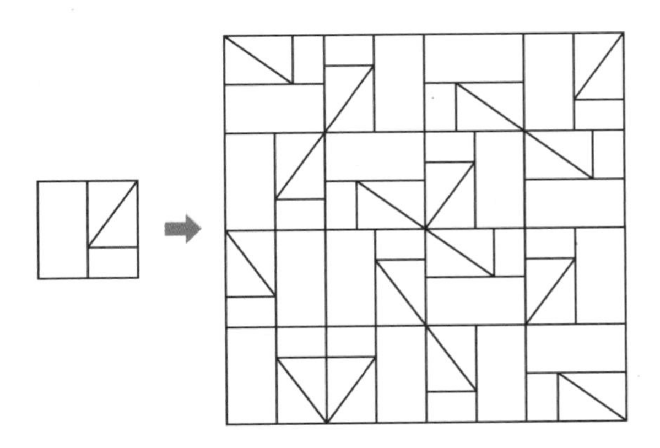

13 왼쪽 그림을 시계 방향으로 90°만큼 돌린 후 왼쪽으로 한번 뒤집었을 때 생기는 9개의 화살표 방향으로 차례대로 오른쪽 덧셈식을 뒤집기 하였습니다. 뒤집기를 한 덧셈식의 결과를 구해 보세요.

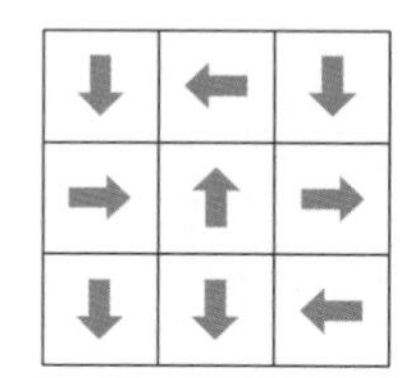

281 + 582

14 을 이용하여 다음 무늬를 만들었습니다. 모양을 돌리기 하여 만든 모양은 모두 몇 개인가요?

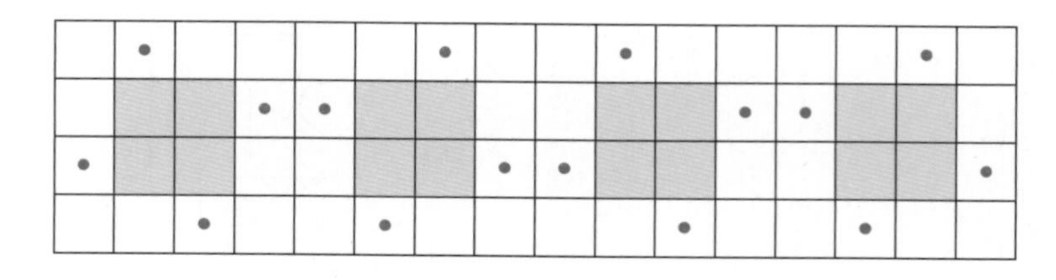

15 유승이는 미술 시간에 픽셀 아트를 배웠습니다. 픽셀 아트란 픽셀이라고 부르는 작은 사각형에 색을 칠하여 모양을 표현하는 디지털 예술입니다. 유승이는 〈공 던지는 사람〉이라는 픽셀 아트 작품을 만들었습니다. 이 작품을 왼쪽으로 5번 뒤집은 다음 시계 반대 방향으로 270°만큼 돌린 후 위로 3번 뒤집었습니다. 이때 나오는 모양을 오른쪽 판 위에 올렸을 때, ●, ★, ▲가 위치하는 칸의 세 수의 합을 구해 보세요.

1	2	3	4	5	6
7	8	9	10	11	12
13	14	15	16	17	18
19	20	21	22	23	24
25	26	27	28	29	30
31	32	33	34	35	36

16 어떤 도형을 왼쪽으로 뒤집은 후 [회전 기호] 방향으로 돌려야 할 것을 잘못하여 오른쪽으로 뒤집은 후 [회전 기호] 방향으로 돌렸더니 왼쪽 도형이 되었습니다. 어떤 도형과 바르게 움직인 도형을 각각 그려 보세요.

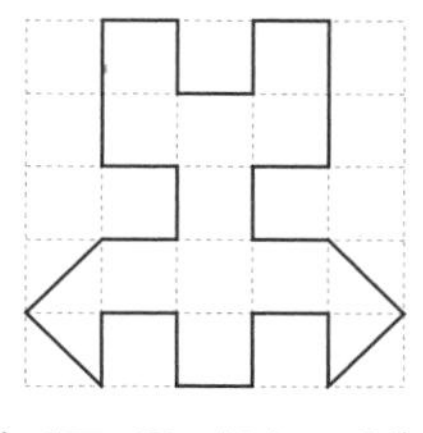
〈잘못 움직인 도형〉

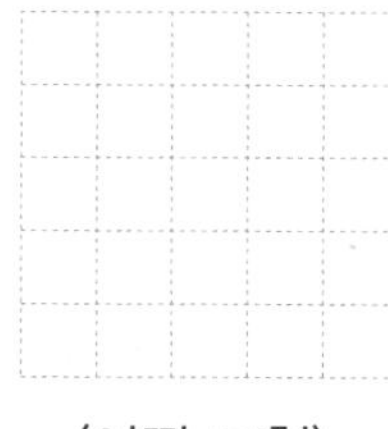
〈어떤 도형〉

〈바르게 움직인 도형〉

17 도형의 오른쪽에 거울을 놓은 후 비친 모양을 [회전 기호] 방향으로 돌렸습니다. 이것을 한 번만 뒤집거나 돌려서 처음 도형과 같게 만들려면 어떻게 움직여야 할까요?

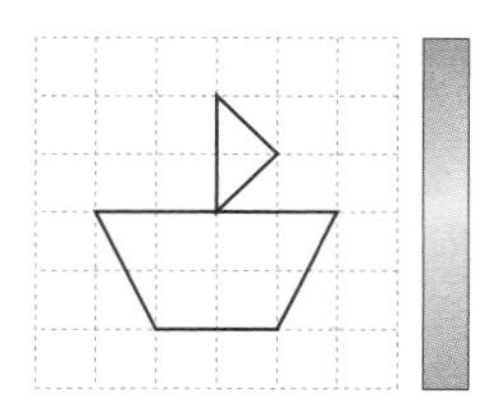

18 보기 와 같은 방법으로 오른쪽 도형을 돌려서 색칠한 칸이 지나간 자리를 모두 색칠했을 때 색칠된 수와 색칠되지 않은 칸의 수의 차는 몇 칸인지 구해 보세요.

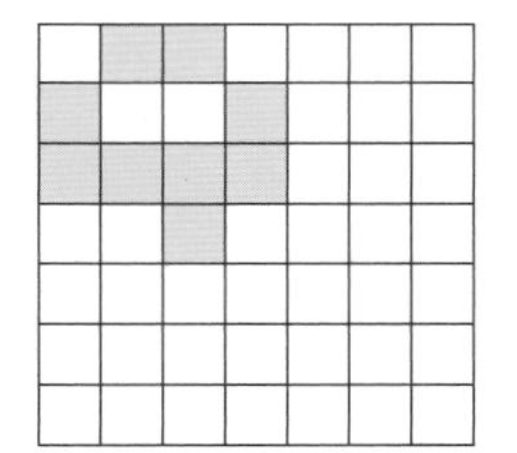

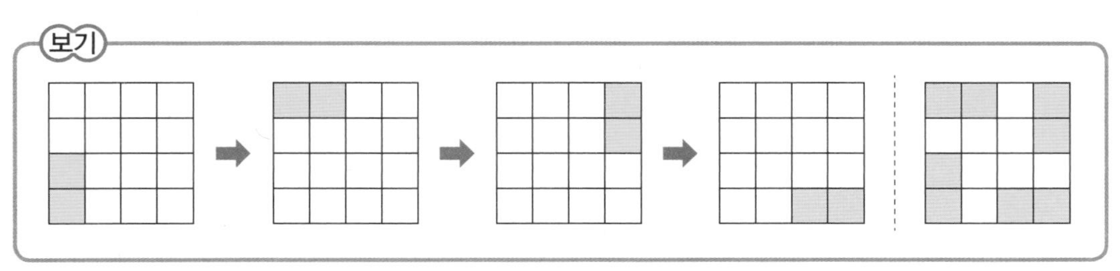

Jump 5 영재교육원 입시대비문제

1 규칙을 찾아 빈곳에 알맞은 무늬를 그려 보세요.

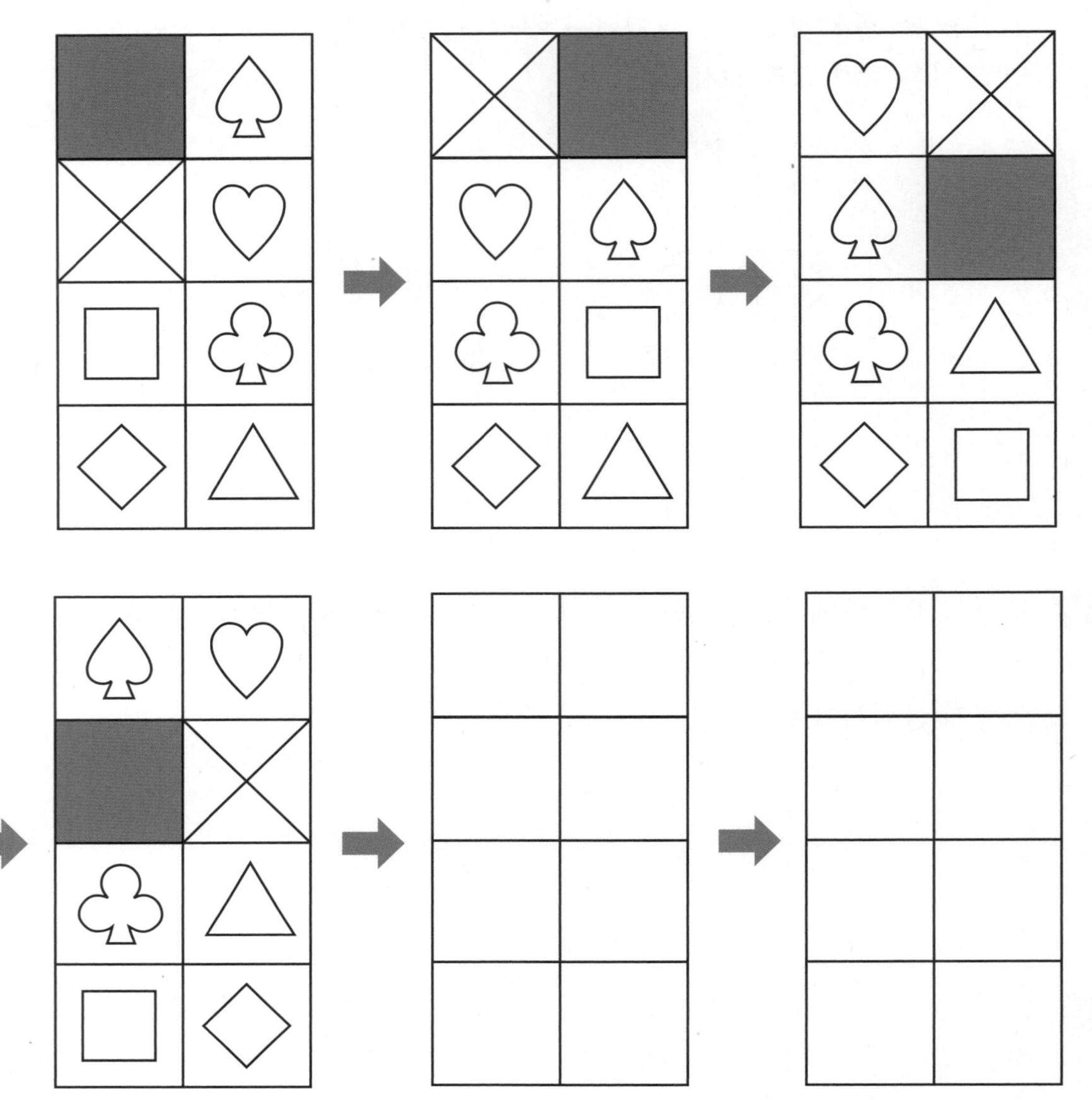

단원 5

막대그래프

1 막대그래프 알아보기

2 막대그래프 그리기

이야기 수학

막대그래프

우리의 생활 주변에는 무질서하게 자료가 흩어져 있거나 여러 종류의 자료들이 뒤섞여 있어 그 자료의 특징을 알기 힘든 경우가 있습니다. 예를 들면, 다음 자료로는 우리 반 학생들이 어느 과목을 가장 많이 좋아하는지 쉽게 알기는 힘듭니다.

효근: 수학, 석기: 국어, 가영: 과학, 준영: 음악, 상연: 체육, 예슬: 미술
규성: 국어, 영수: 수학, 한초: 체육, 한별: 수학, 신영: 음악, 동민: 영어
한솔: 과학, 민정: 수학, 준희: 수학, 준택: 국어, 유미: 수학, 은지: 과학

이러한 자료를 정리하여 한눈에 알아보기 쉽게 나타낸 것을 그래프라고 하며 막대의 길이로 그 수량을 나타낸 것을 막대그래프라고 합니다.

Jump① 핵심알기 1. 막대그래프 알아보기

❖ 막대그래프 알아보기

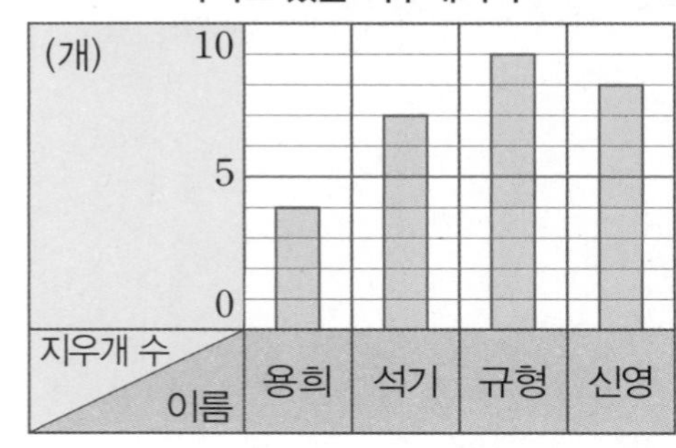

- 조사한 자료를 막대 모양으로 나타낸 그래프를 막대그래프라고 합니다.
- 막대그래프에서 가로는 이름을 나타내고 세로는 지우개 수를 나타냅니다.
- 지우개를 가장 많이 가지고 있는 학생은 규형입니다.
- 지우개를 가장 적게 가지고 있는 학생은 용희입니다.
- 규형이는 용희보다 지우개를 5개 더 많이 가지고 있습니다.

한초네 학교의 4학년 반별 학생 수를 나타낸 막대그래프입니다. 물음에 답해 보세요. [❶~❹]

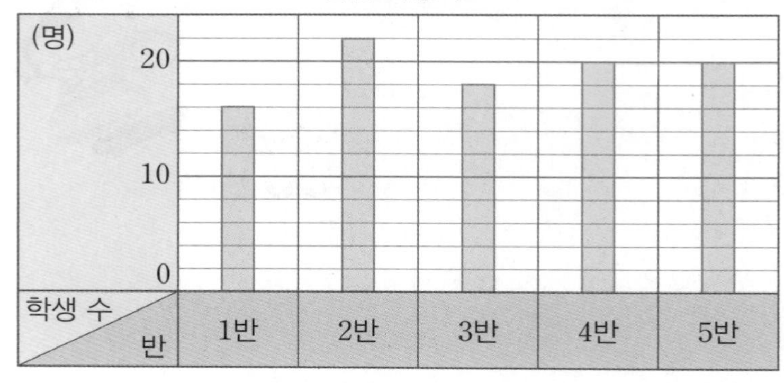

❶ 막대그래프에서 가로와 세로는 각각 무엇을 나타낼까요?

❷ 3반의 학생 수는 몇 명인가요?

★ 세로 눈금 한 칸의 크기는 몇 명을 나타내는지 알아봅니다.

❸ 학생 수가 같은 반은 몇 반과 몇 반인가요?

★ 막대의 길이가 같은 반을 찾아봅니다.

❹ 학생 수가 가장 많은 반과 가장 적은 반은 몇 반인지 차례로 써 보세요.

Jump 2 핵심응용하기

핵심 응용 한솔이네 마을 학생 30명이 가장 좋아하는 운동을 조사하여 나타낸 막대그래프입니다. 가장 많은 학생이 좋아하는 운동은 무엇인가요?

좋아하는 운동별 학생 수

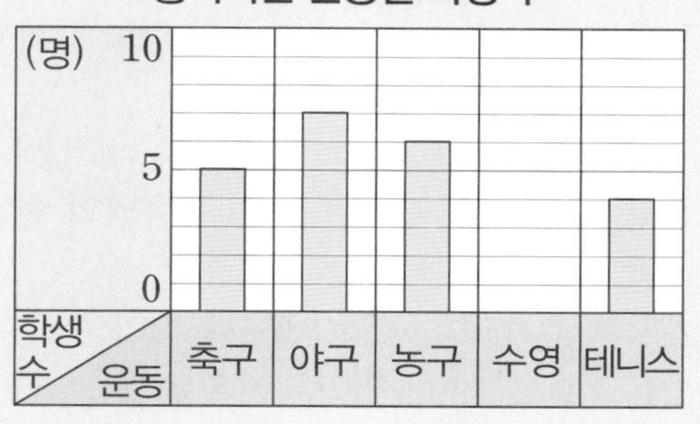

먼저 수영을 좋아하는 학생 수를 알아봅니다.

풀이 세로 눈금 한 칸은 ☐명을 나타냅니다.

각 운동을 좋아하는 학생 수는 축구 ☐명, 야구 ☐명, 농구 ☐명, 테니스 ☐명이고 전체 학생은 ☐명이므로 수영을 좋아하는 학생은

30 − ☐ − ☐ − ☐ − ☐ = ☐(명)입니다.

따라서 가장 많은 학생이 좋아하는 운동은 ☐입니다.

답 ____________

확인 1 웅이네 학교 4학년 학생 38명의 혈액형을 조사하여 나타낸 막대그래프입니다. 혈액형이 O형인 학생은 몇 명인가요?

혈액형별 학생 수

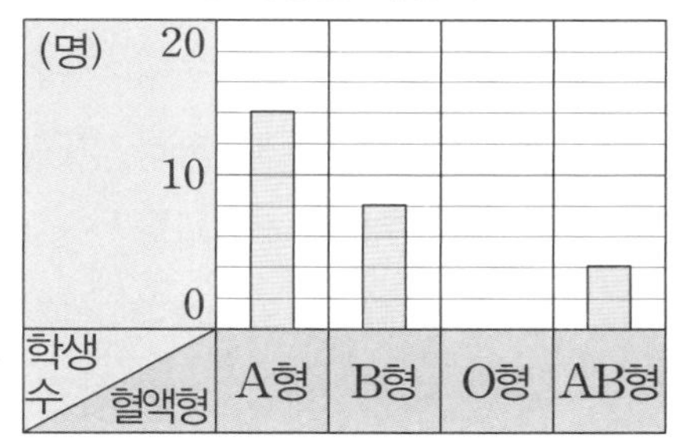

확인 2 예슬이가 가지고 있는 책의 수를 나타낸 막대그래프입니다. 예슬이가 가지고 있는 책이 모두 135권일 때, 가장 많은 책과 가장 적은 책의 합은 몇 권인가요?

예슬이가 가지고 있는 책의 수

(권)
종류 / 책의 수: 0, 25, 50
학습 도서
과학 도서
위인전
동화책
만화책

2. 막대그래프 그리기

❖ **막대그래프 그리기**

① 가로와 세로 중에서 조사한 수를 어느 쪽에 나타낼 것인지 정합니다.
② 조사한 수 중에서 가장 큰 수까지 나타낼 수 있도록 눈금 한 칸의 크기를 정한 후 눈금의 수를 정합니다.
③ 조사한 수에 맞도록 막대를 그립니다.
④ 그린 막대그래프에 알맞은 제목을 붙입니다.

좋아하는 과일별 학생 수

과일	포도	배	사과	합계
학생 수(명)	4	2	6	12

좋아하는 과일별 학생 수

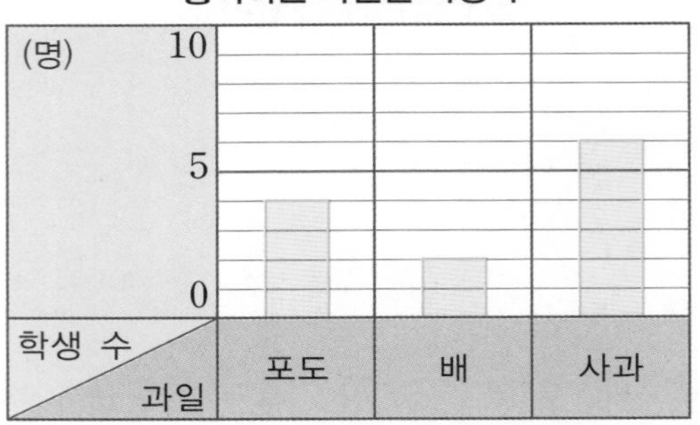

다음은 예슬이네 반 학생들이 좋아하는 과목을 조사한 것입니다. 물음에 답해 보세요. [❶~❸]

좋아하는 과목

이름	과목	이름	과목	이름	과목
인복	사회	석진	과학	지혜	과학
승용	사회	상연	과학	진호	국어
유미	국어	한초	수학	기헌	국어
은지	사회	유진	과학	가영	수학
효근	수학	순혁	과학	영수	수학
정환	과학	석영	과학	석기	수학
지훈	과학	예슬	수학	규형	국어

좋아하는 과목별 학생 수

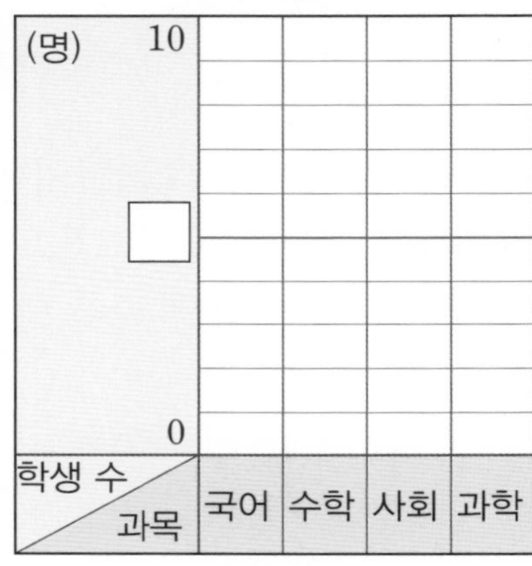

❶ 표와 막대그래프를 각각 완성해 보세요.

좋아하는 과목별 학생 수

과목	국어	수학	사회	과학	합계
학생 수(명)					

❷ 가장 많은 학생이 좋아하는 과목은 무엇인가요?

❸ 여러 항목의 수량을 전체적으로 한눈에 쉽게 비교할 수 있는 것은 표와 막대그래프 중에서 어느 것인가요?

- **표**
  각 항목별로 조사한 수와 전체 합계를 알기 쉽습니다.
- **막대그래프**
  여러 항목의 수량을 한눈에 비교하기 쉽고, 전체적인 경향을 한눈에 알아보기 쉽습니다.

막대그래프에서 양의 크기는 막대의 폭이 아니라 막대의 길이로 나타냅니다.

Jump 2 핵심응용하기

핵심 응용

규형이네 마을 학생 32명이 좋아하는 색깔을 조사하여 나타낸 표입니다. 노란색을 좋아하는 학생 수는 초록색을 좋아하는 학생 수보다 4명이 더 많을 때, 표를 완성하고 막대그래프로 나타내어 보세요.

좋아하는 색깔별 학생 수

색깔	학생 수(명)
빨간색	2
노란색	
파란색	3
초록색	
분홍색	11
합계	32

학생 수 / 색깔	빨간색	노란색	파란색	초록색	분홍색
□ □ □ 0					

생각열기 막대그래프 그리는 방법을 생각해 봅니다.

풀이 초록색을 좋아하는 학생 수를 ▲명이라고 하면 노란색을 좋아하는 학생은 (▲+□)명입니다.

2+▲+□+3+▲+11=□, ▲+▲+□=□,

▲+▲=□−□=□, ▲=□

따라서 초록색을 좋아하는 학생은 □명이고 노란색을 좋아하는 학생은 6+4=□(명)입니다.

확인 **1** 상연이네 모둠 학생들의 수학 성적을 나타낸 그래프입니다. 석기가 수학 성적으로 65점을 받았다면, 막대그래프에 몇 칸으로 나타내어야 할까요?

수학 성적

이름 \ 성적 (점)	0 ... 50 ... 100
상연	
가영	
효근	
석기	

오른쪽 표는 신영이네 가족의 몸무게를 나타낸 것입니다. 표를 보고 물음에 답해 보세요. [1~2]

신영이네 가족의 몸무게

가족	아버지	어머니	오빠	신영
몸무게(kg)	72	56	64	28

1 위의 표를 세로 눈금이 20칸인 막대그래프로 나타내려면, 세로 눈금 한 칸은 적어도 몇 kg을 나타내어야 할까요?

2 위의 표를 보고 막대그래프를 완성해 보세요.

몸무게 / 가족	0	20	40	60	80 (kg)
아버지					
어머니					
오빠					
신영					

3 은지네 학교 4학년 학생들이 가장 해 보고 싶은 전통놀이를 조사하여 나타낸 그래프입니다. 조사에 참여한 4학년 전체 학생 수가 128명이고 비석치기를 해 보고 싶은 학생 수가 투호놀이를 해 보고 싶은 학생 수보다 16명 적을 때, 투호놀이를 해 보고 싶은 학생 수는 몇 명인가요?

전통놀이별 학생 수

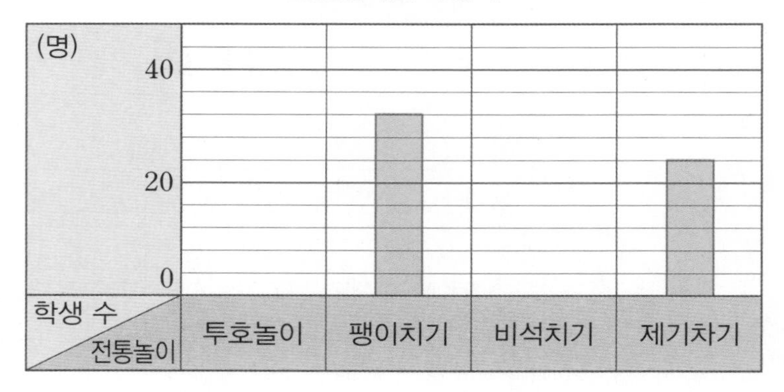

오른쪽 그래프는 신영이네 학교에서부터 여러 장소까지의 거리를 조사하여 나타낸 것입니다. 물음에 답해 보세요. [4~6]

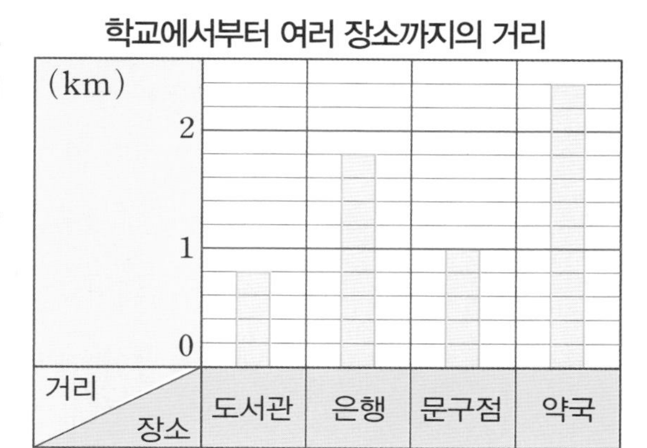

4 학교에서 약국까지의 거리는 학교에서 문구점까지의 거리보다 몇 km 몇 m 더 먼가요?

5 학교에서 약국까지의 거리는 학교에서 도서관까지의 거리의 몇 배인가요?

6 신영이는 5분 동안 300 m를 걷습니다. 학교에서 출발하여 걸어서 오후 5시에 은행에 도착하려면, 신영이는 학교에서 오후 몇 시 몇 분에 출발해야 할까요?

7 동민이네 가족이 일주일 동안 마신 우유의 양을 조사하여 나타낸 막대그래프의 일부분입니다. 동민이네 가족이 금요일부터 일요일까지 마신 우유의 양은 월요일부터 목요일까지 마신 우유의 양의 $\frac{5}{6}$일 때, 금요일부터 일요일까지 마신 우유의 양은 모두 몇 L 몇 mL인가요?

요일별 마신 우유의 양

우유의 양 / 요일
(mL)
0
1000
2000
월
화
수
목

효근이네 반 학생들이 슈퍼마켓에서 산 간식별 개수와 비용을 조사하여 나타낸 막대그래프입니다. 물음에 답해 보세요. [8~10]

간식별 개수

(개) 20
10
0
개수 / 간식
과자 아이스크림 빵 음료수

간식별 비용

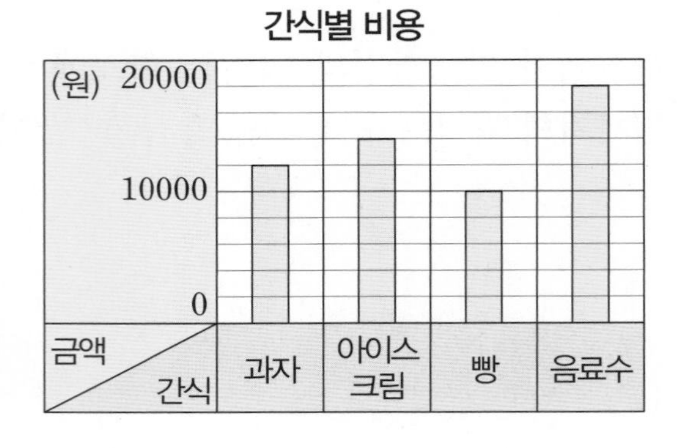

8 효근이와 친구들이 슈퍼마켓에서 산 간식은 모두 몇 개이고, 간식별 비용은 모두 얼마인지 구해 보세요.

9 간식 중 한 개의 가격이 가장 비싼 것과 가장 싼 것은 어느 것인지 각각 구해 보세요.

10 30000원으로 과자 4개, 아이스크림 3개, 빵 2개, 음료수 5개를 사면 얼마가 남는가요?

11 가영이가 가지고 있는 색깔별 색종이 수를 나타낸 막대그래프입니다. 가장 많은 색종이와 가장 적은 색종이 수의 차가 16장일 때, 초록색 색종이는 몇 장이 될 수 있는지 모두 구해 보세요.

색깔별 색종이 수

(장) 20
10
0
색종이 수 / 색깔
빨강 파랑 노랑 초록 보라

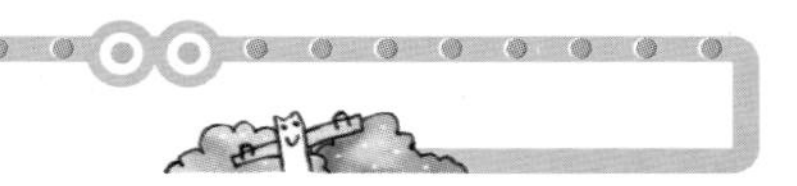

지난 학기 동안 예슬이네 학교 4학년의 지각한 학생 수를 반별로 조사하여 나타낸 막대그래프입니다. 4학년의 지각한 학생 수가 105명일 때, 물음에 답해 보세요. [12~13]

반별 지각한 학생 수

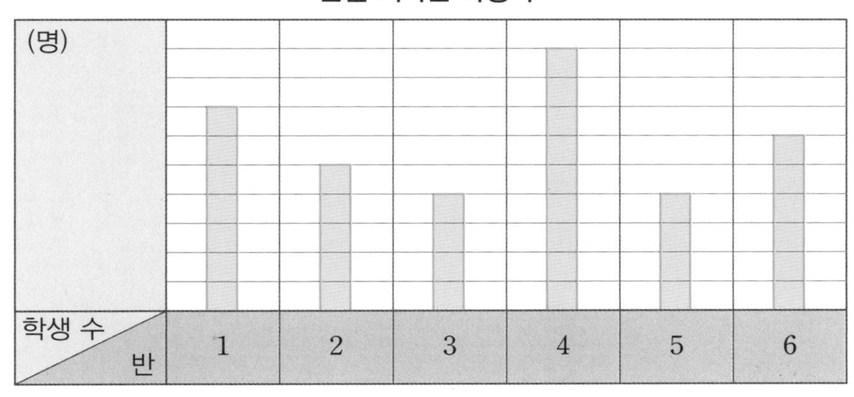

12 위의 그래프에서 세로 눈금 한 칸은 몇 명을 나타낼까요?

13 위의 막대그래프를 보고 다음 표를 완성해 보세요.

반별 지각한 학생 수

반	1	2	3	4	5	6	합계
학생 수(명)							

14 4학년 학생들에게 불우이웃돕기 성금을 모았더니 성금의 총액은 102000원이 되었습니다. 다음은 성금을 낸 액수별로 학생 수를 조사하여 만든 막대그래프의 일부입니다. 2000원씩 낸 학생은 몇 명인가요?

성금을 낸 액수별 학생 수

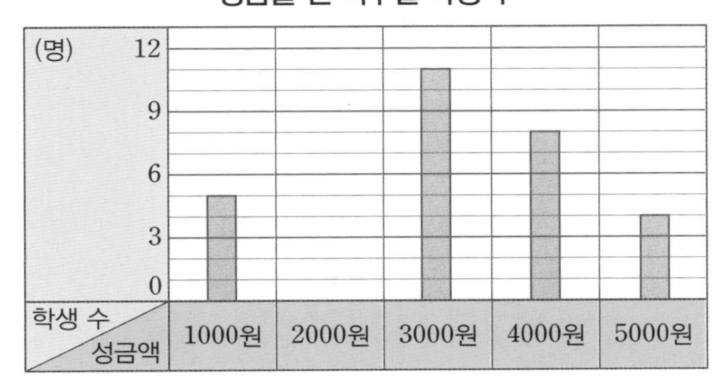

5 단원

15 다음은 어느 지역의 치킨 판매점별 양념 치킨과 후라이드 치킨의 판매량을 조사하여 나타낸 막대그래프입니다. 판매한 치킨이 모두 264박스일 때, 치킨 판매 수가 가장 적은 매장과 가장 많은 매장에서 판매한 치킨의 판매량의 차는 몇 박스인가요?

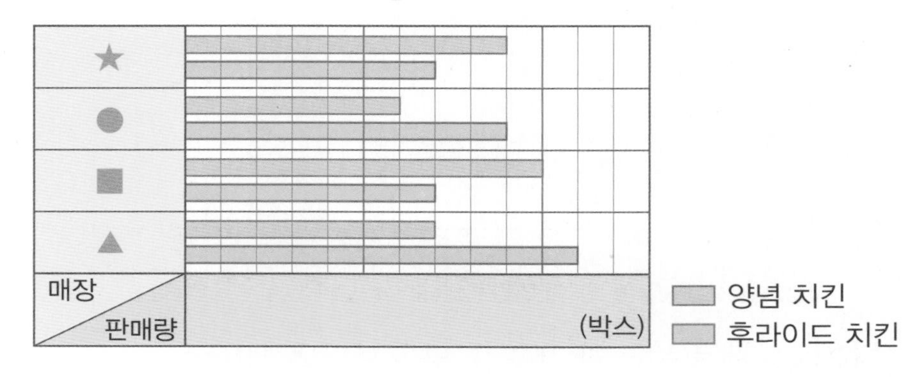

16 어느 붕어빵 가게에서 하루 동안 판매한 붕어빵의 수를 조사하여 나타낸 막대그래프입니다. 판매된 붕어빵의 수가 모두 136개이고 붕어빵 한 개의 가격은 1000원입니다. 초코 붕어빵을 판매한 금액의 총액은 24000원이고, 팥 붕어빵의 개수는 고구마 붕어빵의 개수의 3배입니다. 이때 고구마 붕어빵의 개수를 막대그래프에 나타내기 위해서는 몇 개의 칸에 나타내어야 하는지 구해 보세요.

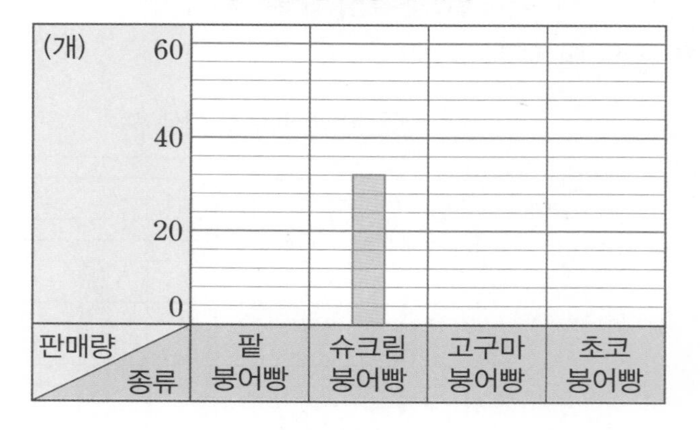

17 어느 해의 오전 9시 미세먼지 농도가 '좋음'인 날수를 조사한 막대그래프입니다. 막대그래프의 일부가 찢어져 보이지 않습니다. 4월부터 7월까지 오전 9시 미세먼지 농도가 '좋음'인 날은 모두 54일입니다. 7월은 6월보다 '좋음'인 날수가 4일 더 많습니다. 7월에 오전 9시 미세먼지 농도가 좋지 않았던 날은 모두 며칠인가요?

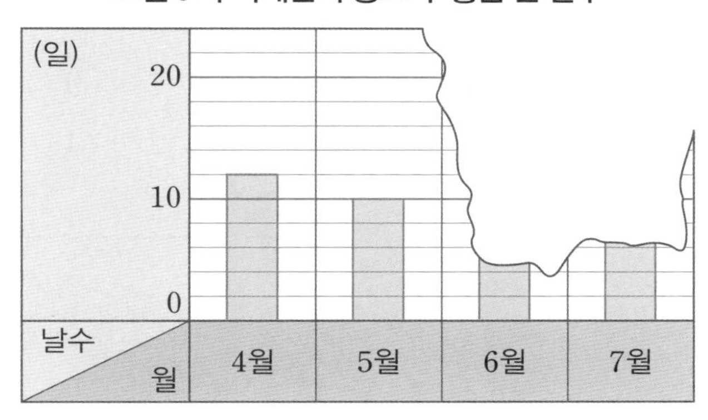

18 주사위를 30번 던져 나온 눈의 횟수를 조사하여 나타낸 막대그래프입니다. 나온 주사위의 눈의 합만큼 점수를 받았더니 108점이었습니다. 이때 3의 눈이 나온 횟수는 몇 번인지 구해 보세요.

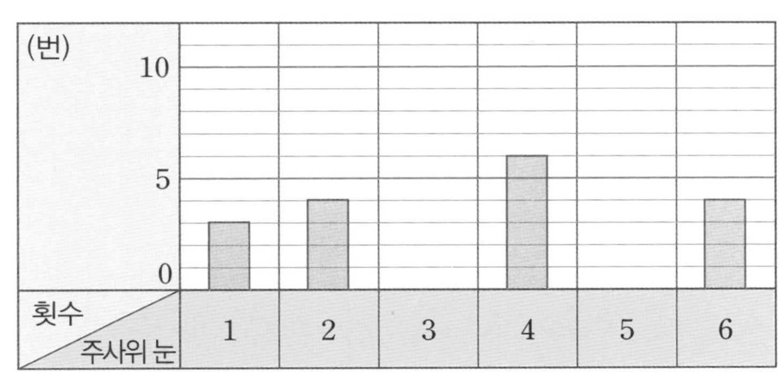

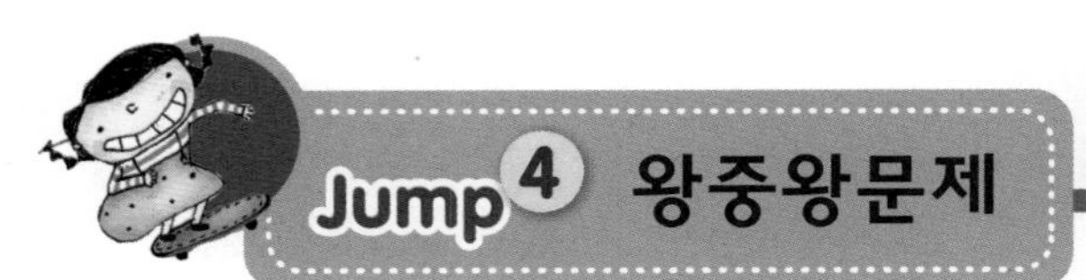

오른쪽 표는 효근이네 학교의 1학년부터 6학년까지 강아지를 기르는 학생 수를 반별로 나타낸 것입니다. 물음에 답해 보세요. [1~2]

강아지를 기르는 학생 수

학년 / 반	1	2	3	4	5	6	합계
1	4	3	7	6	9	7	
2	5	7	8	2	7	6	
3	8	3	2	8	7	5	
4	7	9	10	9	6	8	
5	2	4	9	10	8	14	
합계							㉠

1 효근이네 학교에서 강아지를 기르는 학생이 가장 많은 반은 몇 학년 몇 반인가요?

2 ㉠의 값은 얼마이며, 무엇을 나타낼까요?

3 유승이가 월마다 받은 칭찬스티커 수를 나타낸 막대그래프입니다. 유승이는 심부름을 한 번 할 때마다 칭찬스티커를 5개씩 받습니다. 1월부터 4월까지 모은 칭찬스티커가 모두 600개일 때, 심부름을 가장 많이 한 달과 가장 적게 한 달의 심부름 횟수의 차를 구해 보세요.

칭찬스티커 수

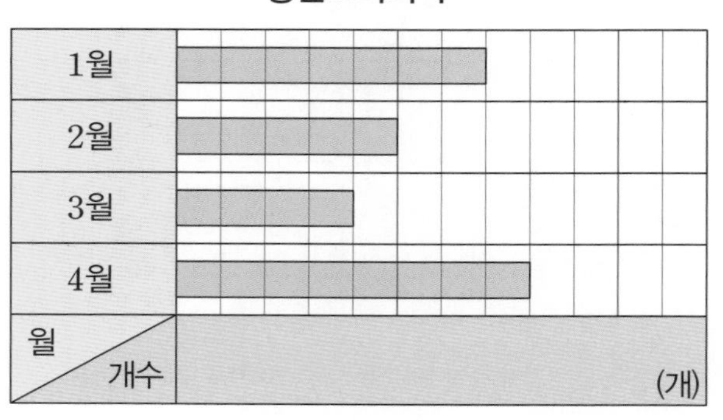

놀이동산에서 조사한 것을 그래프로 나타낸 것입니다. 물음에 답해 보세요. [4~7]

기다리는 사람 수

회전목마	범퍼카
청룡열차	바이킹

100명 10명

탈 수 있는 최소한의 키

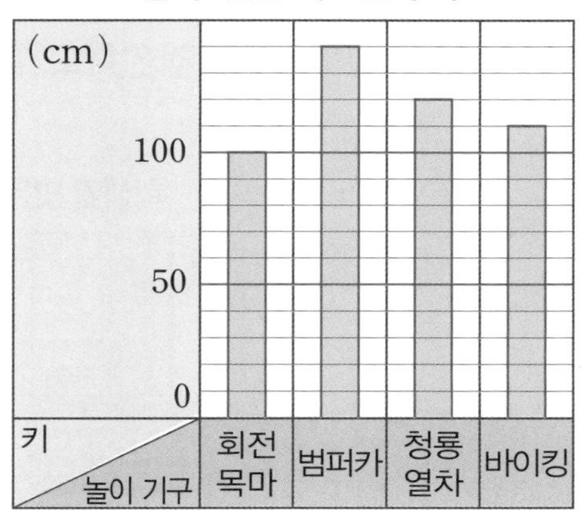

4 네 곳의 놀이 기구에서 기다리는 사람은 모두 몇 명인가요?

5 바이킹은 한 번에 50명까지 탈 수 있으며 운행 시간은 2분입니다. 바이킹을 기다리는 사람이 모두 다 타려면 몇 분이 걸릴까요? (단, 바이킹을 타고 내리는 시간은 생각하지 않습니다.)

6 석기의 키는 125 cm이고 동생의 키는 석기보다 14 cm 더 작습니다. 석기가 동생과 함께 탈 수 있는 놀이 기구를 모두 써 보세요.

7 범퍼카를 타려고 기다리는 사람의 $\frac{7}{16}$이 여자라고 합니다. 범퍼카를 타려고 하는 사람 중에서 남자는 여자보다 몇 명 더 많을까요?

8 신영이네 모둠 친구들이 각각 10문제의 수학 문제를 풀고 맞은 개수와 틀린 개수를 나타낸 막대그래프입니다. 기본 점수 50점에서 시작하여 한 문제 맞을 때마다 5점씩 얻고 틀릴 때마다 5점이 감점된다고 할 때, 점수가 가장 높은 사람은 누구이고 몇 점인가요?

학생별 맞은 문제 수와 틀린 문제 수

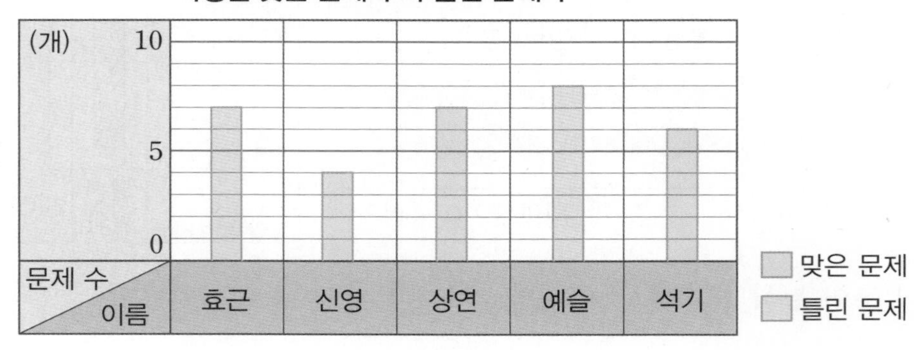

9 영수네 학교 4학년 학생들이 반별로 모은 책 수를 조사하여 나타낸 막대그래프의 일부분이 찢어졌습니다. 2반이 모은 책은 1반이 모은 책보다 12권이 더 많고, 3반이 모은 책은 4반이 모은 책보다 8권이 더 적습니다. 2반과 3반이 모은 책의 수의 합을 구해 보세요.

반별 모은 책 수

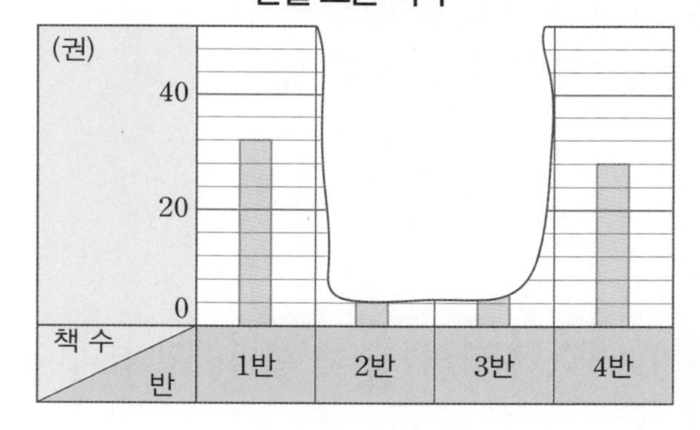

10 다음은 우리 동네 학생 38명이 사과, 배, 감, 포도, 수박 중에서 좋아하는 과일을 한 가지씩만 선택하여 만든 막대그래프의 일부입니다. 감을 좋아하는 학생이 가장 많고 포도를 좋아하는 학생이 있기는 하지만 가장 적다고 할 때 수박을 좋아하는 학생은 최대 몇 명인가요?

좋아하는 과일별 학생 수

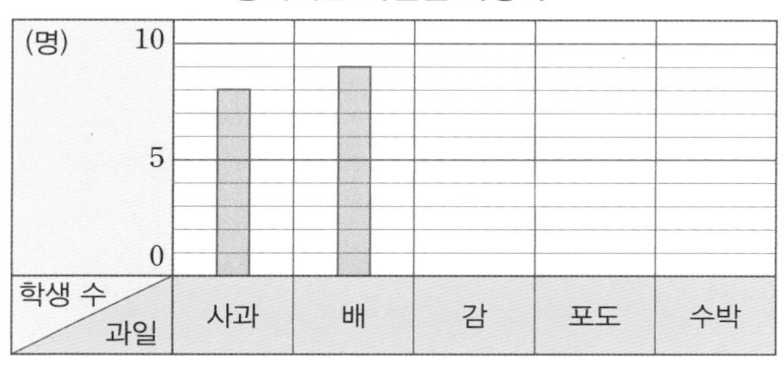

5
단원

11 사과, 배, 감, 참외를 한 상자에 12개씩 과일별로 포장하였습니다. 과일을 모두 포장하는데 사용한 상자는 160개입니다. 다음은 각 과일별로 포장할 때 사용한 상자의 개수를 막대그래프로 나타낸 것입니다. 상자에 포장된 감의 개수는 모두 몇 개인가요?

과일별 상자의 개수

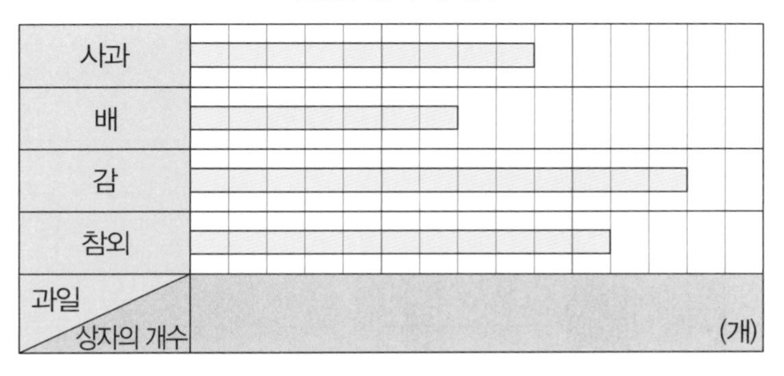

12 다음은 퀴즈대회에서 학생들이 받은 점수를 조사하여 나타낸 막대그래프입니다. 모두 3문제가 출제되었고 1번은 20점, 2번은 30점, 3번은 50점이었습니다. 두 문제만 맞힌 학생은 18명이고, 한 문제만 맞힌 학생들의 점수의 합이 나머지 학생들의 점수의 합보다 800점 작습니다. 3번만 맞힌 학생은 몇 명인지 구해 보세요.

퀴즈대회 점수별 학생 수

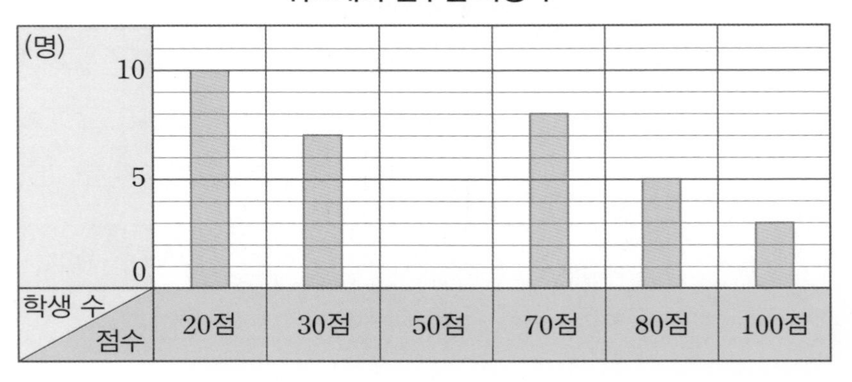

13 다음은 퀴즈대회에서 민섭이네 모둠 학생들이 문제를 맞힌 결과입니다. 민섭이네 모둠이 얻은 점수는 모두 400점이고 건희가 얻은 점수는 재현이가 얻은 점수보다 50점이 많습니다. 건희가 3점짜리 문제를 맞혀 얻은 점수는 민섭이가 3점짜리 문제를 맞혀 얻은 점수보다 12점이 높을 때, 재현이가 맞힌 3점짜리 문제의 개수와 건희가 맞힌 5점짜리 문제의 개수의 합을 구해 보세요.

퀴즈대회에서 맞힌 문제 수

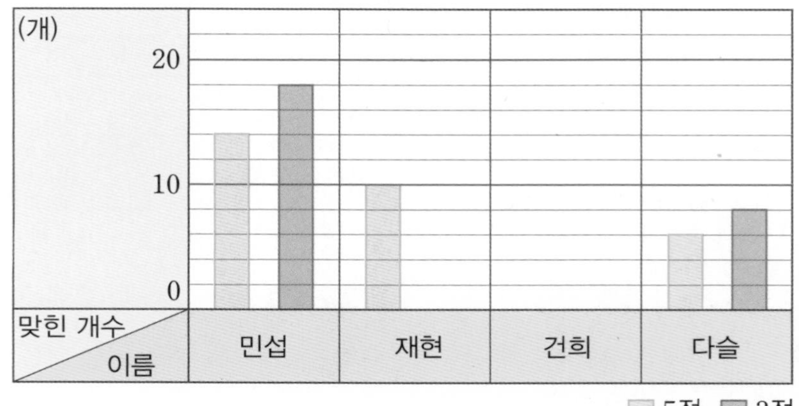

2문제 틀렸어요 ▶	영재교육원 문제를 풀어 보세요.
3~8문제 틀렸어요 ▶	틀린 문제를 다시 확인 하세요.
9문제 이상 틀렸어요 ▶	왕문제를 다시 풀어 보세요.

14 미소네 모둠에서는 바구니에 콩주머니를 던져 넣는 놀이를 하고 있습니다. 네 명의 친구가 각각 20개의 콩주머니를 던졌을 때 바구니에 넣은 콩주머니의 개수와 넣지 못한 콩주머니의 개수를 조사하여 그래프로 나타내었습니다. 기본 점수는 60점이고 콩주머니를 한 개씩 던질 때, 넣으면 10점을 얻고 넣지 못하면 3점이 감점됩니다. 나연이가 얻은 점수가 156점이라면 콩주머니를 가장 많이 넣은 사람의 점수와 두 번째로 많이 넣은 사람의 점수의 차는 몇 점인가요?

넣은 콩주머니 수와 넣지 못한 콩주머니 수

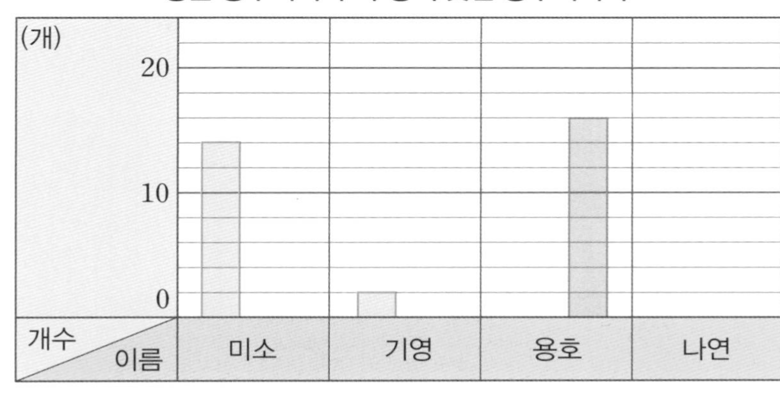

15 다음 그래프는 유승이네 모둠 4명이 현장 체험 학습의 각 과정에서 합격자 수를 조사하여 나타낸 막대그래프의 일부입니다. **조건**에 따라 완성할 수 있는 막대그래프는 모두 몇 가지인가요?

조건

① 유승이네 모둠 4명의 학생 중 각 과정에서 합격자는 적어도 1명은 있습니다.

② 앞의 과정과 뒤의 과정의 합격자 수는 다릅니다.

현장 체험 학습의 합격자 수

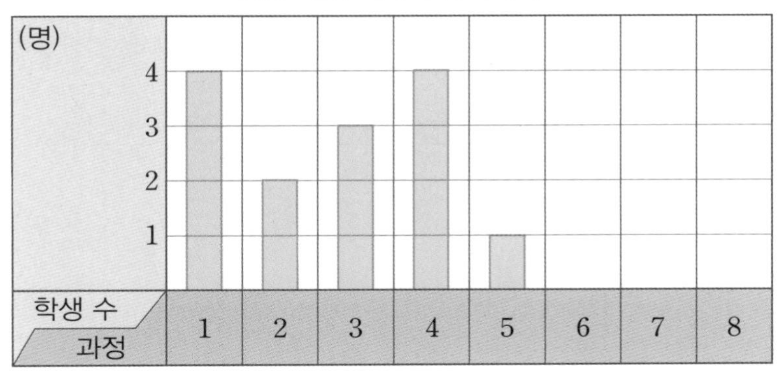

Jump 5 영재교육원 입시대비문제

1 어느 해 동계올림픽에서 다섯 나라가 얻은 메달 수를 나타낸 막대그래프입니다. 금메달 수로 순위를 정하는 데 금메달 수가 같으면 은메달 수로, 은메달 수가 같으면 동메달 수로 순위를 정합니다. 1위부터 5위까지 차례로 써 보세요.

동계올림픽 메달 수

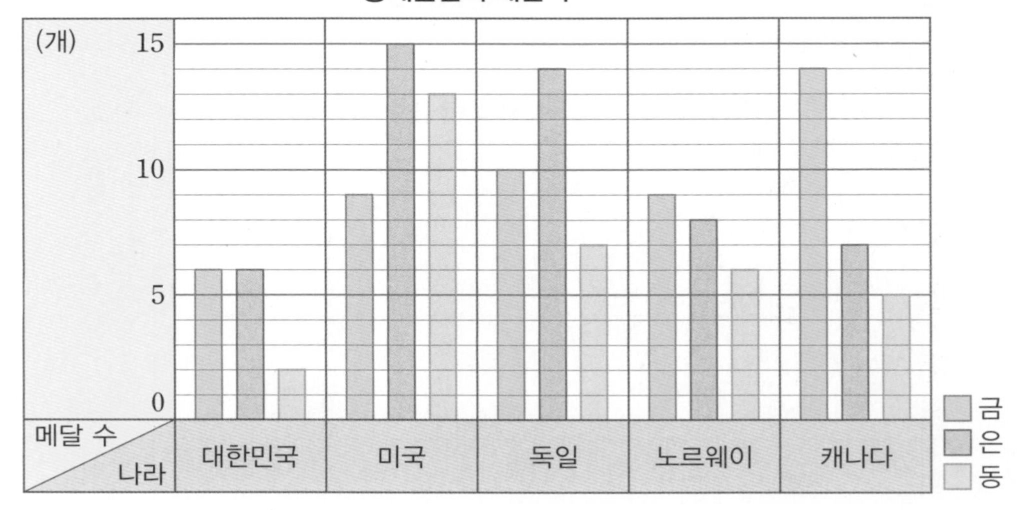

2 주사위를 28번 던져서 각각의 눈이 나온 횟수를 조사하여 나타낸 막대그래프입니다. 전체 나온 눈의 수의 합이 87일 때, 막대그래프를 완성해 보세요.

주사위의 눈이 나온 횟수

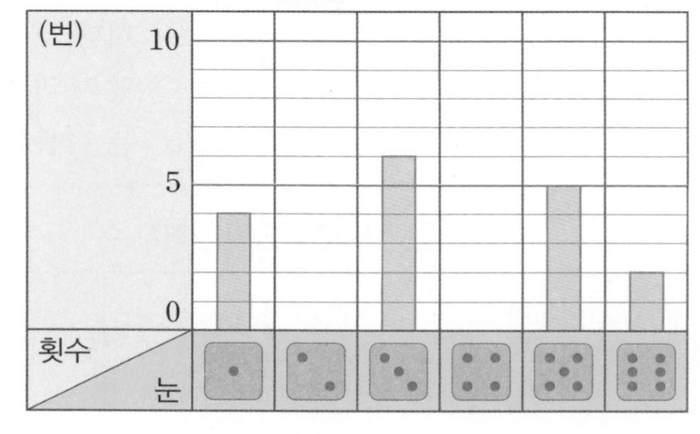

단원 6

규칙 찾기

1 수의 배열에서 규칙 찾기
2 등호를 사용한 식으로 나타내기
3 도형의 배열에서 규칙 찾기
4 계산식에서 규칙 찾기

이야기 수학

규칙을 활용하면 편리해요.

우리는 일상생활에서 규칙을 활용한 것들을 많이 볼 수 있습니다.
교통 신호등은 초록색, 노란색, 빨간색 등이 규칙적으로 켜졌다 꺼졌다 하면서 차량 통행과 보행을 안전하게 해줍니다.
기차의 좌석표, 비행기의 좌석표, 극장의 좌석표도 일정한 규칙으로 나열되어 있어 표에 적힌 좌석에 앉아야 다른 사람에게 불편함을 주지 않습니다. 보도블록에 깔린 블록의 무늬, 벽에 붙인 타일의 무늬, 벽지에 그려진 예쁜 무늬 등도 규칙적으로 놓여 있어 아름다움을 느낄 수 있지요. 이처럼 수나 도형을 규칙적으로 늘어놓아 생활의 편리함을 더해주는 것은 셀 수 없이 많이 있습니다.
여러분은 이 단원을 공부하며 규칙의 편리함이나 아름다움을 발견하여 실생활에 적용하는 능력을 키워나가길 바랍니다.

1. 수의 배열에서 규칙 찾기

❖ 수 배열표에서 규칙 찾기

101	111	121	131
201	211	221	231
301	311	321	331
401	411	421	431

- 가로는 101부터 시작하여 10씩 커집니다.
- 세로는 101부터 시작하여 아래쪽으로 100씩 커집니다.
- ↘ 방향으로는 110씩 커집니다.
- ↗ 방향으로는 90씩 작아집니다.

1 상연이는 아버지와 함께 영화를 보기 위해 영화관에 갔습니다. 상연이와 아버지의 좌석은 색칠한 부분이라고 할 때 상연이와 아버지의 좌석 번호를 구해 보세요.

N1	N2	N3	N4	N5	N6	N7
O1	O2	O3	O4			
P1	P2	P3				
Q1	Q2					
R1						

★ 가로 방향으로는 1, 2, 3, ... 세로 방향으로는 N, O, P, Q, R, ...의 규칙이 있습니다.

2 수의 배열에서 규칙을 찾아 빈칸에 알맞은 수를 써넣으세요.

★ 오른쪽으로 갈수록 점점 큰 수가 되므로 덧셈이나 곱셈을 이용하여 규칙을 찾습니다.

3 규칙적인 수의 배열에서 ㉠과 ㉡에 알맞은 수를 구해 보세요.

1234	1357	1480	㉠	1726	㉡

4 수의 배열에서 규칙을 찾아 빈 곳에 알맞은 수를 구해 보세요.

Jump 2 핵심응용하기

핵심 응용 수 배열표에서 규칙을 찾아 ㉮에 알맞은 수를 구해 보세요.

㉮				
	2151	2163	2177	2193
	2351	2363	2377	2396
	2651	2663	2677	2696
	3051	3063	3077	3093

생각열기 수 배열표에서 →, ↓, ↘ 방향으로 규칙을 알아봅니다.

풀이 수 배열표에서 → 방향으로 2163−2151=☐, 2177−2163=☐,

2193−2177=☐이므로 2151부터 오른쪽으로 ☐, ☐, ☐씩 커지는 규칙입니다. (2, 2)

↓ 방향으로 2351−2151=☐, 2651−2351=☐,

3051−2651=☐이므로 2151부터 아래쪽으로 ☐, ☐, ☐씩 커지는 규칙입니다. (100, 100)

↘ 방향으로 2363−2151=☐, 2677−2363=☐,

3093−2677=☐이므로 ↘ 방향으로 ☐, ☐, ☐씩 커지는 규칙입니다. (102, 102)

따라서 ㉮에 알맞은 수는 2151에서 ☐−102=☐만큼 작아져야 하므로

2151−☐=☐입니다.

답 ________

확인 1 수의 배열에서 규칙을 찾아 ㉮와 ㉯에 알맞은 수를 각각 구해 보세요.

2400	1200	㉮	300		
		48000	24000	㉯	6000

확인 2 수의 배열에서 규칙을 찾아 빈 곳에 알맞은 수를 구해 보세요.

Jump 1 핵심알기 　 2. 등호를 사용한 식으로 나타내기

❖ **크기가 같은 두 양을 등호(=)를 사용한 식으로 나타내기**

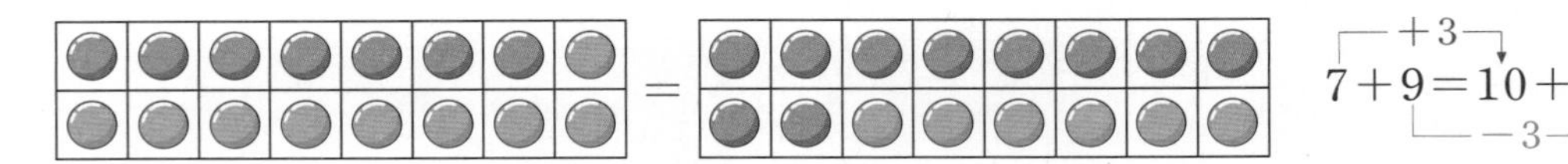

$7+9=10+6$ ($7 \xrightarrow{+3} 10$, $9 \xrightarrow{-3} 6$)

• 7＋9에서 7이 3만큼 커지고 9가 3만큼 작아지면 합이 같아집니다.

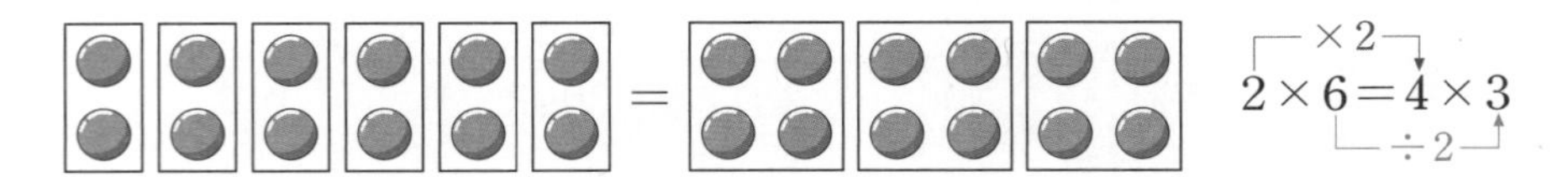

$2\times6=4\times3$ ($2 \xrightarrow{\times 2} 4$, $6 \xrightarrow{\div 2} 3$)

• 2×6에서 2에 곱한 수만큼 6을 나누면 곱이 같아집니다.

1 □ 안에 알맞은 수를 써넣으세요.

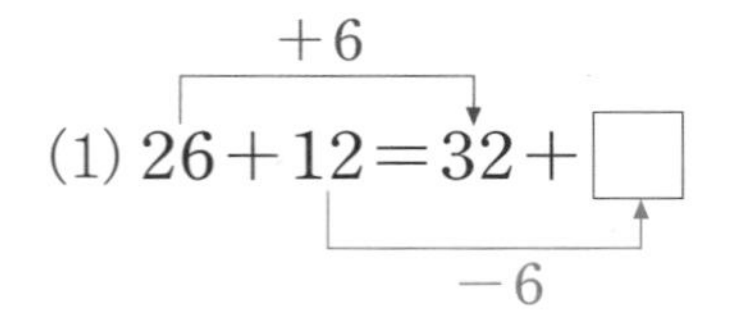

(1) $26+12=32+\square$ ($26 \xrightarrow{+6} 32$, $12 \xrightarrow{-6} \square$)

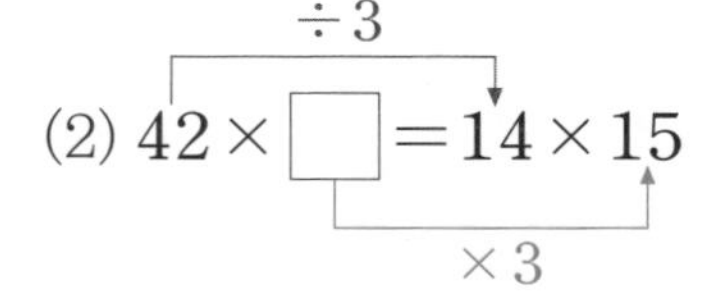

(2) $42\times\square=14\times15$ ($42 \xrightarrow{\div 3} 14$, $\square \xrightarrow{\times 3} 15$)

2 크기를 비교하여 ◯ 안에 >, =, < 중 알맞은 것을 써넣으세요.

(1) 29＋13 ◯ 32＋10

(2) 68－25 ◯ 68－27

(3) 24×5 ◯ 8×15

3 □ 안에 알맞은 수가 가장 큰 것을 찾아 기호로 써 보세요.

㉠ 26＋□＝59＋15
㉡ 54×15＝18×□
㉢ 37－6＝□－12

Jump 도우미

(1) 더해지는 수가 커진만큼 더하는 수가 작아지면 합은 같습니다.
(2) 곱해지는 수를 나눈 만큼 곱하는 수에 곱하면 곱은 같습니다.

Jump 2 핵심응용하기

핵심 응용

수빈이는 한걸음에 56 cm씩 24걸음을 걸었고, 유승이는 한걸음에 72 cm씩 19걸음을 걸었습니다. 누가 더 멀리까지 걸었는지 등호를 사용한 식을 이용하여 알아보세요.

생각열기 곱해지는 수를 나눈만큼 곱하는 수에 곱하면 곱은 같아집니다.

풀이 수빈이가 걸은 거리는 $56\times\square=8\times7\times\square=8\times\square$(cm)이고,
유승이가 걸은 거리는 $72\times\square=8\times9\times\square=8\times\square$(cm)입니다.
따라서 8은 공통으로 같고 □이 □보다 크므로 □이가 더 멀리 걸었습니다.

답 ______

확인 1 43＋35와 크기가 같은 덧셈식을 만들려고 합니다. □ 안에 알맞은 수를 써넣으세요.

(1) $43+35=50+\square$

(2) $43+35=40+\square$

(3) $43+35=\square+30$

(4) $43+35=\square+40$

확인 2 7×80과 크기가 같은 곱셈식은 모두 몇 개인가요?

㉠ 14×160	㉡ 26×20	㉢ 35×16
㉣ 56×10	㉤ 112×5	㉥ 135×4

6 단원

Jump 1 핵심알기 3. 도형의 배열에서 규칙 찾기

❖ **도형의 배열에서 규칙을 찾아 다섯째 모양 알아보기**

(첫째) (둘째) (셋째) (넷째)

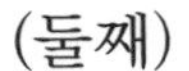

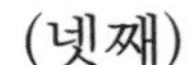

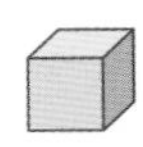

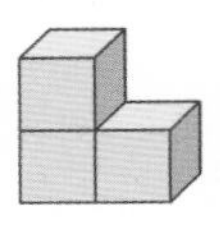

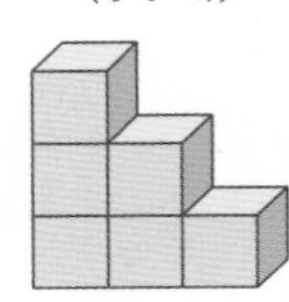

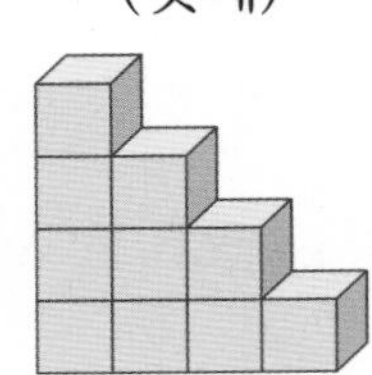

- 모형의 개수가 1개, 3개, 6개, 10개로 순서가 늘어남에 따라 2개, 3개, 4개씩 늘어났으므로 다섯째 모양은 5개가 더 늘어나서 15개가 됩니다.
- 다섯째에 올 모양은 가로 5개, 세로 5개로 이루어진 정사각형 모양에서 넷째 모양을 뺀 것과 같으므로 $5\times5-10=15$(개)입니다.
- 넷째 모양은 $1+2+3+4=10$(개)이므로 다섯째 모양은 $1+2+3+4+5=15$(개)입니다.

Jump 도우미

1 바둑돌의 배열에서 규칙을 찾아 다섯째 모양의 바둑돌의 개수를 구해 보세요.

(첫째) (둘째) (셋째) (넷째)

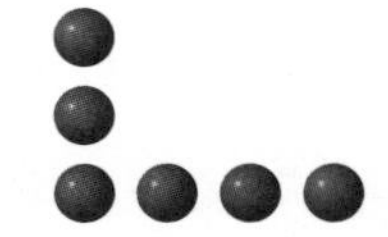

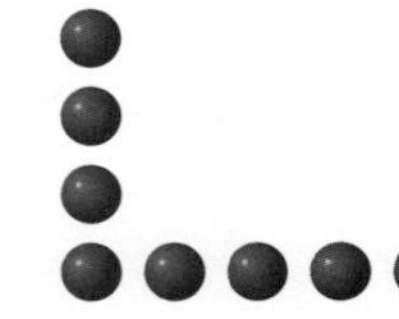

★ 바둑돌이 가로와 세로로 어떻게 늘어나는지 규칙을 알아봅니다.

2 규칙에 따라 공깃돌을 놓을 때 여덟째 모양에는 공깃돌을 몇 개 놓아야 할까요?

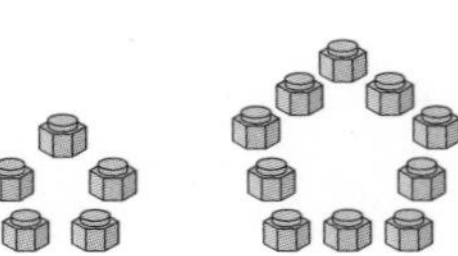

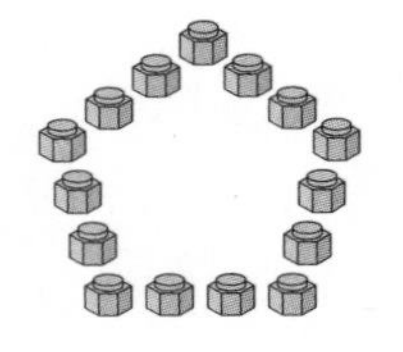

★ 한 변에 놓인 공깃돌의 개수를 알아보고 규칙을 찾습니다.

3 그림과 같이 100원짜리 동전을 늘어놓았습니다. 다섯째에 놓일 동전의 금액은 모두 얼마인가요?

Jump 2 핵심응용하기

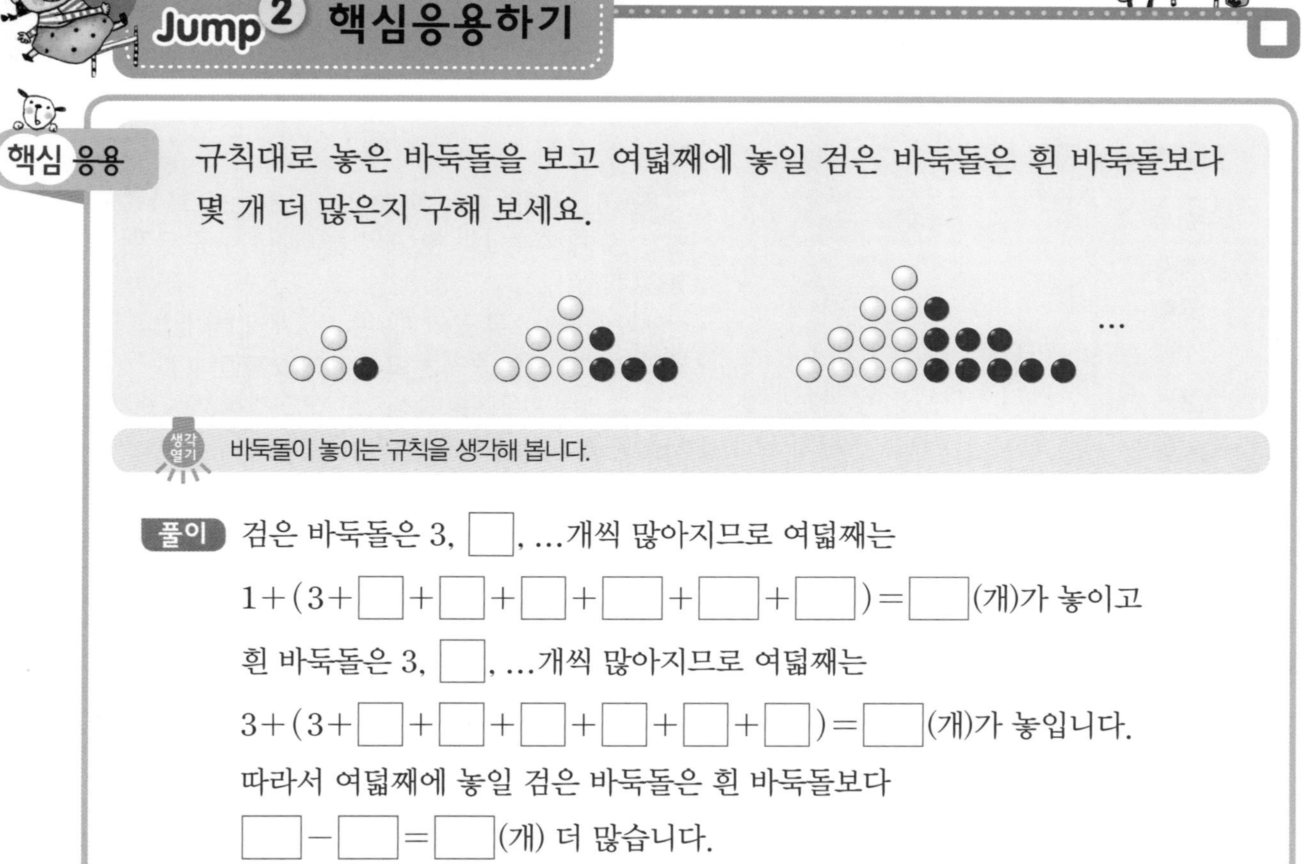

핵심 응용 규칙대로 놓은 바둑돌을 보고 여덟째에 놓일 검은 바둑돌은 흰 바둑돌보다 몇 개 더 많은지 구해 보세요.

생각 열기 바둑돌이 놓이는 규칙을 생각해 봅니다.

풀이 검은 바둑돌은 3, □, …개씩 많아지므로 여덟째는

1+(3+□+□+□+□+□+□)=□(개)가 놓이고

흰 바둑돌은 3, □, …개씩 많아지므로 여덟째는

3+(3+□+□+□+□+□+□)=□(개)가 놓입니다.

따라서 여덟째에 놓일 검은 바둑돌은 흰 바둑돌보다

□−□=□(개) 더 많습니다.

답 ____________

확인 1 규칙에 따라 유리컵을 놓았습니다. 여섯째까지 유리컵을 놓으려면, 유리컵은 모두 몇 개 필요한가요?

확인 2 규칙대로 놓은 바둑돌을 보고 여덟째에 놓일 검은 바둑돌은 흰 바둑돌보다 몇 개 더 많은지 구해 보세요.

6 단원

4. 계산식에서 규칙 찾기

❖ 곱셈식에서 규칙 찾기

순서	곱셈식
첫째	$1\times1=1$
둘째	$11\times11=121$
셋째	$111\times111=12321$
넷째	$1111\times1111=1234321$

- 첫째는 1, 둘째는 11, 셋째는 111, 넷째는 1111로 단계가 올라갈수록 1이 한 개씩 늘어나는 수를 두 번 곱했습니다.
- 단계가 올라갈수록 곱의 자릿수가 2개씩 늘어납니다.
- 곱의 가운데 오는 숫자는 그 단계의 숫자입니다.
- 곱한 결과는 가운데를 중심으로 접으면 똑같은 숫자가 서로 만납니다.
- 곱한 결과의 숫자는 1부터 점점 1씩 커지다가 가운데를 지나 1씩 작아집니다.

1 오른쪽 덧셈식에서 규칙을 찾아 다섯 째 식의 합을 구해 보세요.

(첫째) $1+2+1=4$
(둘째) $1+2+3+2+1=9$
(셋째) $1+2+3+4+3+2+1=16$
⋮ ⋮

★ 수의 배열에서 규칙을 찾아봅니다.

2 계산식 배열의 규칙에 맞도록 빈칸에 들어갈 식을 써 보세요.

$8\times107=856$
$8\times1007=8056$
$8\times10007=80056$
⋮
$\square=8000056$

★ 0의 개수의 증가를 살펴보고 규칙을 찾습니다.

3 □ 안에 알맞은 수를 써넣으세요.

$151+153+155=153\times\square$
$153+155+157=155\times\square$
$181+183+185=\square\times3$
$201+203+205=\square\times3$

Jump 2 핵심응용하기

핵심 응용

오른쪽 곱셈식에서 규칙을 찾아 ㉠과 ㉡에 알맞은 수를 구해 보세요.

$3 \times 999999 =$ [㉠]

$3 \times$ [㉡] $= 2999999997$

$3 \times 9 = 27$
$3 \times 99 = 297$
$3 \times 999 = 2997$
$3 \times 9999 = 29997$
⋮

생각열기 곱하는 두 수와 곱의 배열에서 규칙을 찾습니다.

풀이 곱하는 수 9의 개수가 1개일 때, 두 수의 곱인 2와 7 사이에 9는 없고,
곱하는 수 9의 개수가 2개일 때, 두 수의 곱인 2와 7 사이에 9는 □개,
곱하는 수 9의 개수가 3개일 때, 두 수의 곱인 2와 7 사이에 9는 □개,
곱하는 수 9의 개수가 4개일 때, 두 수의 곱인 2와 7 사이에 9는 □개입니다. 즉, 곱하는 수에 있는 9의 개수는 두 수의 곱에서 2와 7 사이의 9의 개수보다 □개가 더 많은 규칙이 있습니다.
따라서 ㉠에는 곱하는 수의 9의 개수가 □개이므로 두 수의 곱인 2와 7 사이에 9가 □개 놓여야 하므로 □입니다.
또한 두 수의 곱인 2와 7 사이에 9의 개수가 □개이므로 ㉡은 9의 개수가 □개인 □입니다.

답 ____________

확인 1 위의 규칙을 이용하여 □ 안에 알맞은 수를 구해 보세요.

$7 \times 9999999 =$ □

확인 2 □ 안에 알맞은 수를 구해 보세요.

- $5 \times 9 = 5 \times 10 - 5 =$ □
- $5 \times 99 = 5 \times$ □ $- 5 =$ □
- $5 \times 999 = 5 \times$ □ $- 5 =$ □
- $5 \times 9999 = 5 \times$ □ $- 5 =$ □

6 단원

1 규칙적인 수의 배열에서 ㉮에 알맞은 수를 구해 보세요.

2	10	26	58	122	㉮	506

2 그림과 같이 바둑돌을 놓아갑니다. 10번째에 올 그림에서 검은 바둑돌은 몇 개인가요?

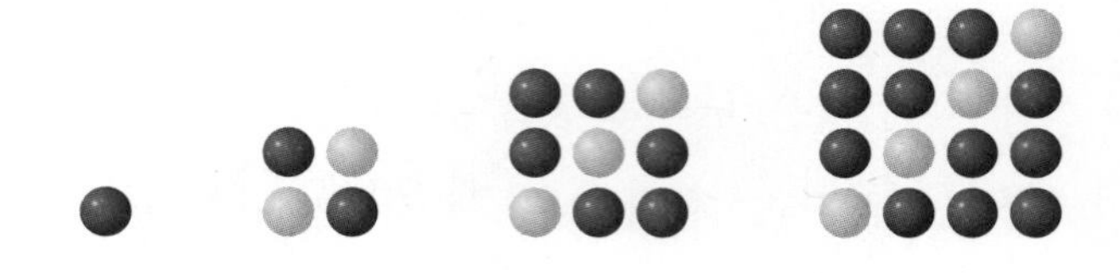

3 다음과 같이 규칙적으로 수를 늘어놓을 때 100번째에 올 수를 구해 보세요.

25, 31, 37, 43, 49, ⋯

4 그림과 같이 도형을 규칙적으로 배열할 때 여섯째 도형에서는 한 변의 길이가 2 cm인 정사각형을 몇 개 찾을 수 있을까요? (단, 가장 작은 정사각형의 한 변은 1 cm입니다.)

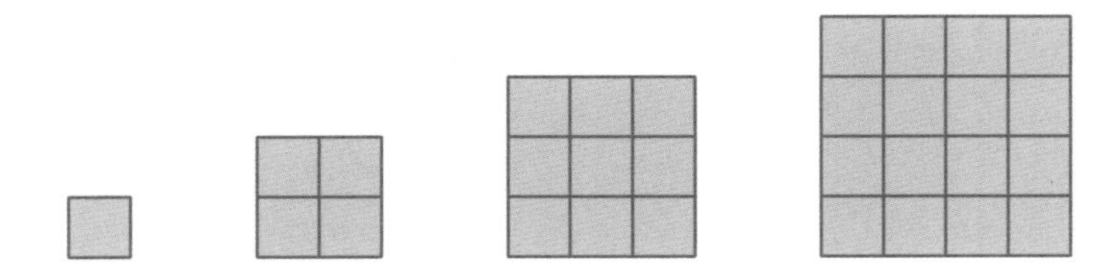

5 일정하게 커지는 규칙으로 수를 늘어놓을 때 20번째 수는 135, 45번째 수는 235입니다. 몇씩 커지는 규칙으로 수를 늘어놓는지 구해 보세요.

6 (어떤 수)×(9로만 된 수)의 값은 (보기)와 같은 규칙을 이용하여 계산할 수 있습니다. (보기)를 이용하여 다음을 계산해 보세요.

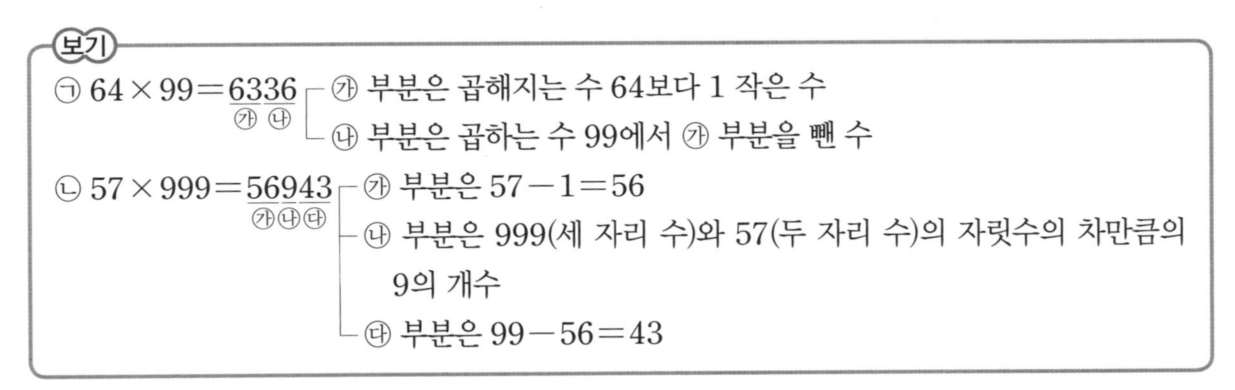
보기

㉠ 64×99=6336 (㉮ 63, ㉯ 36)
- ㉮ 부분은 곱해지는 수 64보다 1 작은 수
- ㉯ 부분은 곱하는 수 99에서 ㉮ 부분을 뺀 수

㉡ 57×999=56943 (㉮ 56, ㉯ 9, ㉰ 43)
- ㉮ 부분은 57−1=56
- ㉯ 부분은 999(세 자리 수)와 57(두 자리 수)의 자릿수의 차만큼의 9의 개수
- ㉰ 부분은 99−56=43

(1) 83×99

(2) 5476×9999

(3) 387×999999

7 다음과 같이 면봉을 사용하여 육각형과 사각형을 차례로 만들어 나갈 때, 사각형 10개를 만들기 위해서는 적어도 몇 개의 면봉이 있어야 할까요?

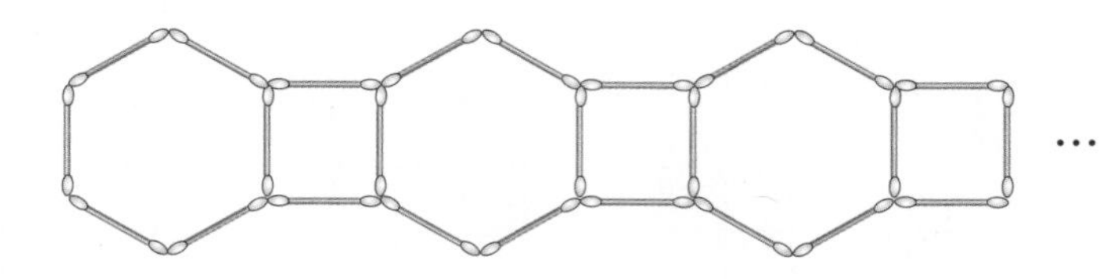

8 다음은 수를 규칙적으로 늘어놓은 것입니다. ㄱ, ㄴ에 들어갈 수를 구해 보세요.

1, 1, 2, 3, 5, 8, [ㄱ], [ㄴ], 34, 55

9 오른쪽 그림과 같이 바둑돌을 2열로 속이 빈 정사각형으로 늘어놓았습니다. 이때 사용된 바둑돌이 56개였다면 속을 채우는데 필요한 바둑돌은 몇 개인가요?

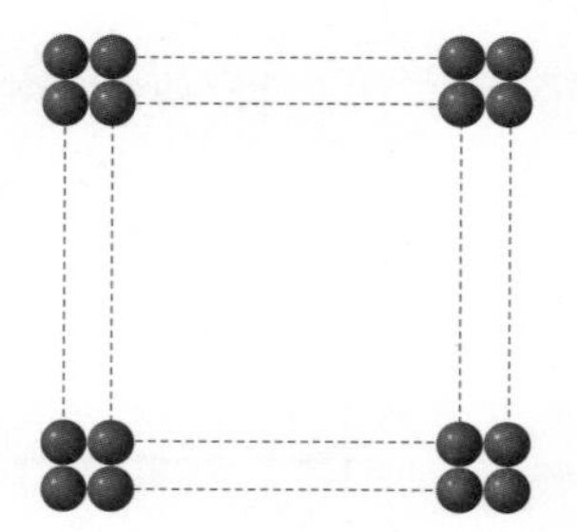

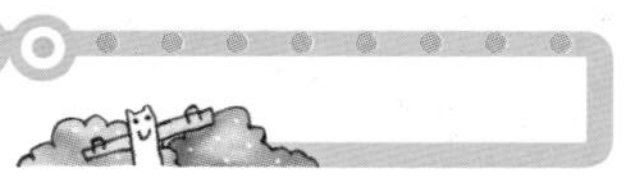

실을 그림과 같이 잘라 나갈 때, 물음에 답해 보세요. [10~12]

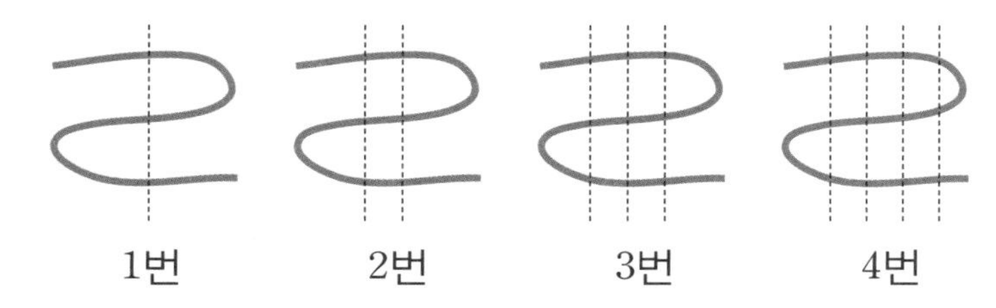

10 실을 10번 자르면 몇 도막으로 나누어질까요?

11 실을 50도막보다 많아지도록 자르려면 적어도 몇 번을 잘라야 할까요?

12 실을 몇 번인가 잘랐더니 151도막이 되었습니다. 실을 몇 번 잘랐을까요?

13 다음과 같이 일정한 규칙에 따라 수를 늘어 놓을 때, 10번째에 놓이는 수를 구해 보세요.

1, 11, 29, 55, 89, ⋯

6 단원

14 보기를 참고하여 □ 안에 알맞은 수를 써넣으세요.

보기

$$1+2+3=2\times3$$
$$1+2+3+4+5=3\times5$$
$$1+2+3+4+5+6+7=4\times7$$

$$6+8+10+\cdots+30+32+34=20\times\square$$

15 오른쪽 그림과 같이 쌓기나무를 8층까지 쌓을 때 필요한 쌓기나무는 모두 몇 개인가요?

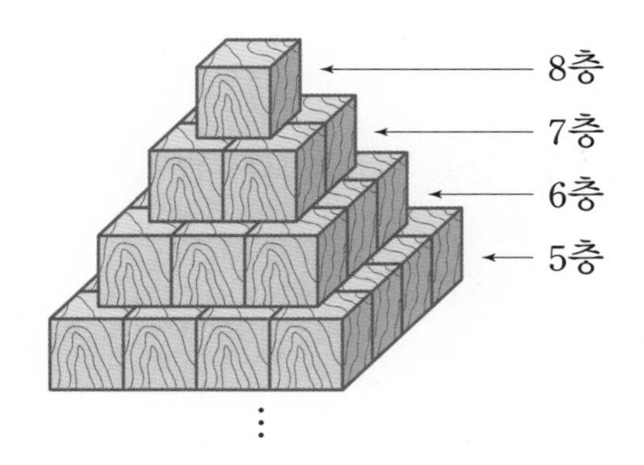

16 그림과 같이 성냥개비로 삼각형 모양을 만들 때 여섯째 모양을 만들려면 성냥개비는 몇 개 필요할까요?

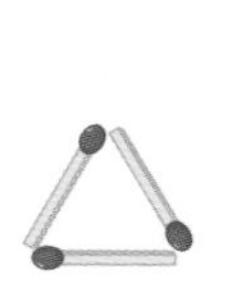
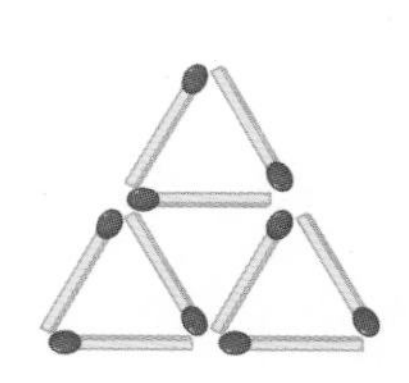
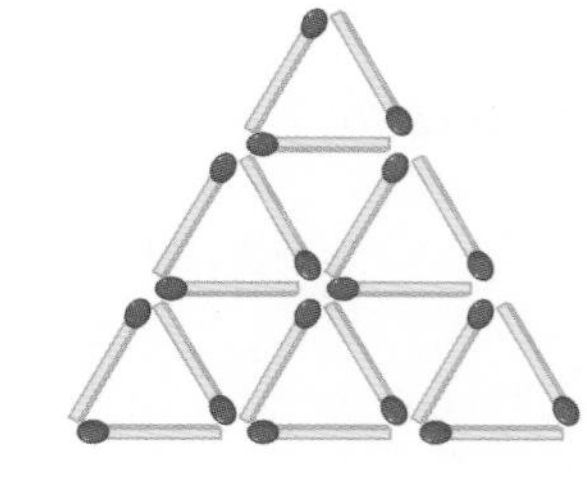

17 다음은 어떤 규칙에 따라 수를 써넣은 것입니다. ㉮에 알맞은 수를 구해 보세요.

㉠ 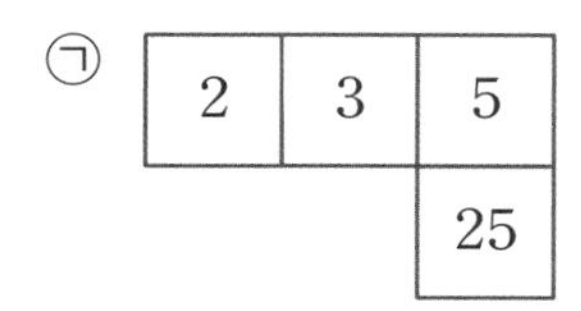

㉡ 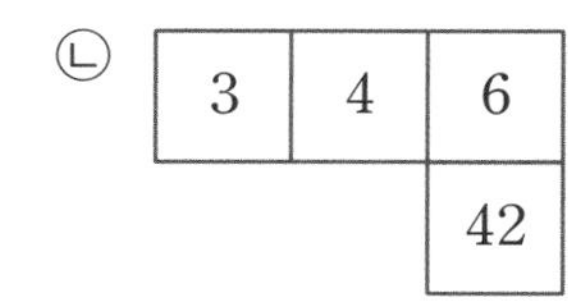

㉢

6	㉮	7
		84

18 $1+3+5=3\times3$, $1+3+5+7=4\times4$를 이용하여 □ 안에 알맞은 수를 구해 보세요.

$$25+27+29+\cdots+97+99=\square$$

19 다음과 같은 규칙으로 도형을 그려 나갈 때, 50번째 도형에는 색칠된 삼각형이 모두 몇 개 있을까요?

1 보기 를 보고 규칙을 찾아 다음을 계산해 보세요.

보기

$1\times1\times1+2\times2\times2=9$

$1\times1\times1+2\times2\times2+3\times3\times3=36$

$1\times1\times1+2\times2\times2+3\times3\times3+4\times4\times4=100$

$$1\times1\times1+2\times2\times2+3\times3\times3+4\times4\times4+\cdots+10\times10\times10$$

2 규칙적인 수의 배열에서 ★에 알맞은 수를 구해 보세요.

6	24	54	96	★	216

3 일정하게 커지는 규칙으로 수를 늘어놓을 때, 30번째 수는 182, 50번째 수는 242가 됩니다. 100번째 수는 얼마가 될까요?

그림과 같이 분홍색 타일과 흰색 타일을 일정한 규칙에 따라 붙여갑니다. 물음에 답해 보세요. [4~6]

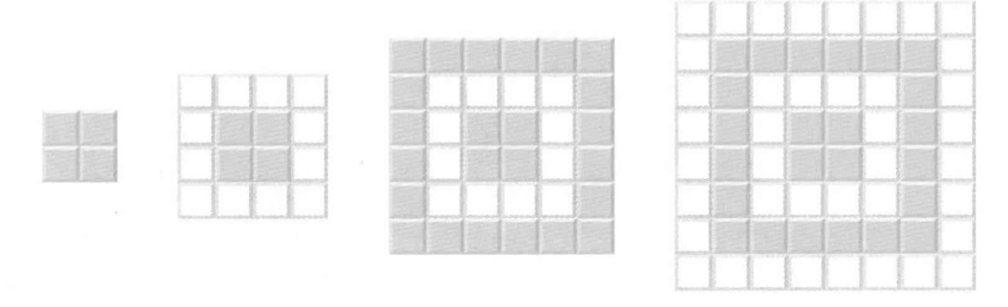

4 흰색 타일로 분홍색 타일을 한 번 둘러싸려면 흰색 타일은 분홍색 타일보다 몇 개 더 필요한가요?

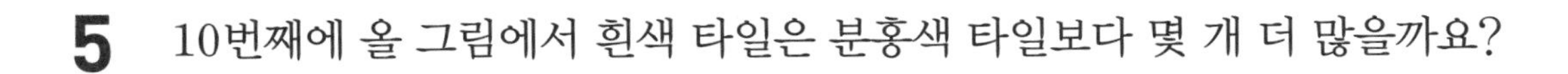

6 단원

5 10번째에 올 그림에서 흰색 타일은 분홍색 타일보다 몇 개 더 많을까요?

6 분홍색 타일이 흰색 타일보다 36개 더 많은 때는 몇째에 올 그림인가요?

7 직사각형의 종이에 5개의 직선을 그어 평면을 나누려고 합니다. 평면의 수가 가장 적은 경우와 가장 많은 경우의 개수의 차를 구해 보세요.

그림과 같이 규칙적으로 수를 배열할 때 물음에 답해 보세요. [8~9]

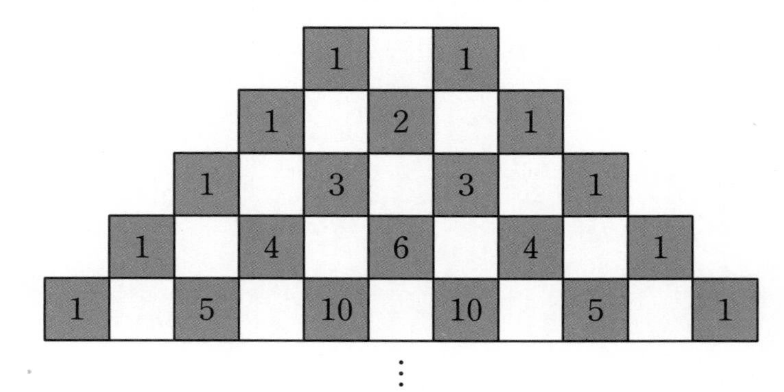

8 위에서부터 여덟째 줄에 있는 수들의 합을 구해 보세요.

9 수들의 합이 2048인 줄은 위에서부터 몇 번째 줄인가요?

10 어떤 연속된 자연수 가, 나, 다, 라, 마의 합이 360입니다. 가장 작은 자연수 가는 얼마인지 구해 보세요. (단, 가<나<다<라<마)

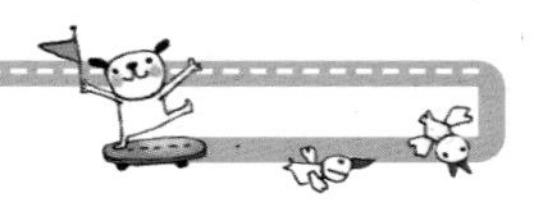

11 다음은 주어진 수를 어떤 규칙에 따라 다른 수로 바꾸어 놓은 것입니다. 규칙을 찾아 □ 안에 알맞은 수를 구해 보세요.

25 ➞ 1,　18 ➞ 0,　5 ➞ 5
32 ➞ 2,　9 ➞ 3,　40 ➞ □

12 오른쪽과 같이 수를 차례로 써나갈 때 1열의 첫째 수는 1이고, 2열의 첫째 수는 2이고, 3열의 첫째 수는 4입니다. 10열의 첫째 수는 무엇인가요?

1열	1	3	6	10	15	…
2열	2	5	9	14	…	
3열	4	8	13	…		
4열	7	12	…			
5열	11	…				
⋮	…					

6
단원

13 **12**번의 수 배열표에서 1열에는 1, 3, 6, 10, 15, ...가 있고 2열에는 2, 5, 9, 14, ...가 있습니다. 위의 규칙으로 수를 나열할 때 100은 몇 열에 있을까요?

14 수를 다음과 같이 규칙적으로 묶을 때 7은 셋째 묶음의 셋째 수입니다. 28번째 묶음의 28번째 수는 어떤 수인가요?

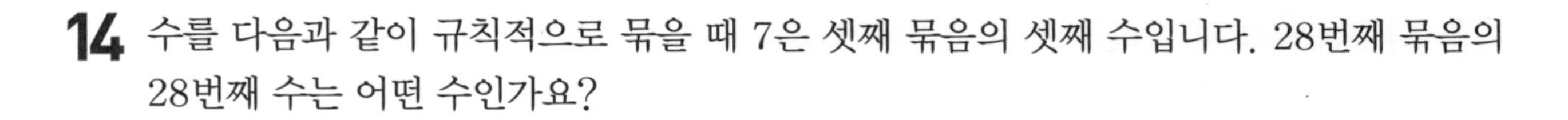

(1), (2, 3, 4), (5, 6, 7, 8, 9), ⋯

15 그림과 같은 규칙으로 점을 찍을 때, 25번째 점은 몇 개인가요?

16 그림과 같이 누름 못을 박아 같은 크기의 색종이를 연결해 가고 있습니다. 누름 못이 225개 박힐 때의 연결된 색종이의 수는 몇 장일까요?

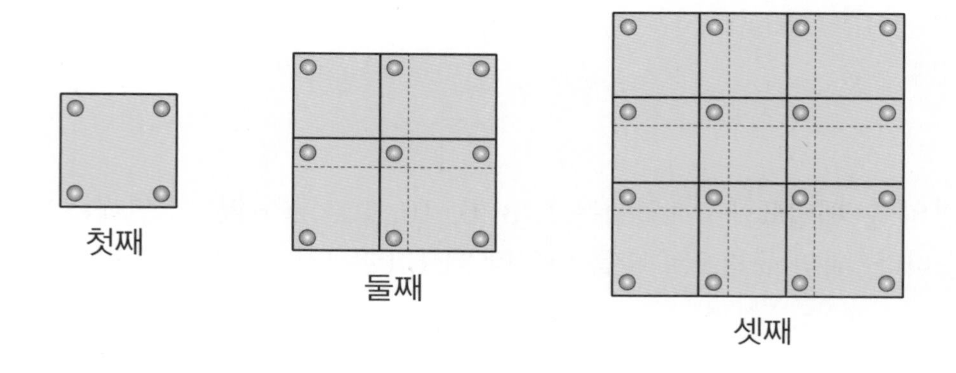

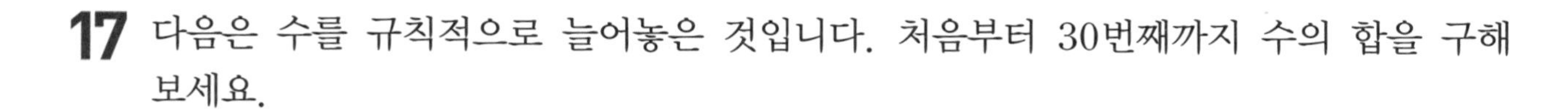

2문제 틀렸어요	영재교육원 문제를 풀어 보세요.
3~8문제 틀렸어요	틀린 문제를 다시 확인 하세요.
9문제 이상 틀렸어요	왕문제를 다시 풀어 보세요.

17 다음은 수를 규칙적으로 늘어놓은 것입니다. 처음부터 30번째까지 수의 합을 구해 보세요.

1, 4, 7, 10, 13, ⋯

18 다음에서 규칙을 찾아 30번째에 놓일 모양을 그려 보세요.

19 다음과 같이 성냥개비를 사용하여 삼각형을 만들었습니다. 작은 삼각형이 20개가 되도록 하려면 성냥개비는 적어도 몇 개 필요한가요?

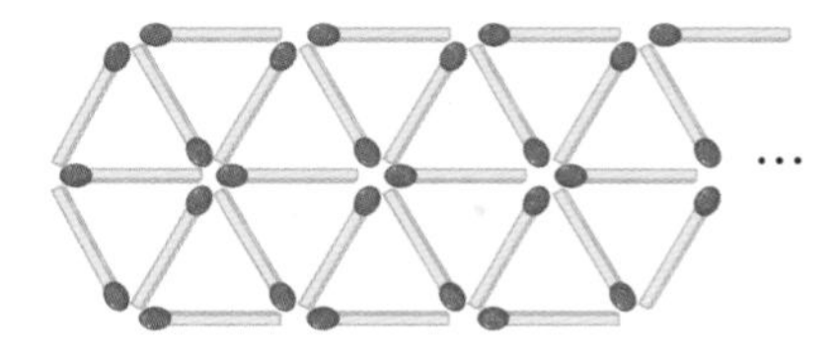

Jump 5 영재교육원 입시대비문제

1 [ ] 안에 다음과 같은 규칙에 따라 수를 썼습니다. [★] → [ ] → [ ] → [ ] → [6] 일 때, ★이 될 수 있는 가장 작은 수와 가장 큰 수를 각각 구해 보세요.

- 앞의 수가 3으로 나누어떨어지면 그다음 수는 앞의 수를 3으로 나눈 몫입니다.
- 앞의 수가 3으로 나누어떨어지지 않으면 그다음 수는 앞의 수보다 2 작은 수입니다.

2 규칙적으로 ●를 놓은 것입니다. 10번째 모양에서 ●는 몇 개인가요?

MEMO

MEMO

정답과 풀이

MBRE
Le village est tout blanc.
Demain nous ferons un grand bonhomme
et puis, si nous sommes sages,
nous aurons pour Noël
tous les jouets que nous voulons.
L'année est déjà finie.
Pensons à tous ceux qui n'ont p

1 큰 수

Jump 1 핵심알기 6쪽

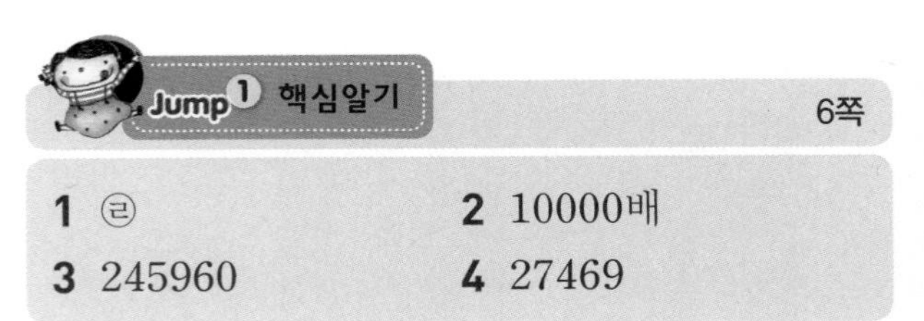

1 ㉣ 2 10000배
3 245960 4 27469

1 ㉠ 60 ㉡ 60000 ㉢ 6 ㉣ 6000 ㉤ 600

2 ㉠은 십만의 자리 숫자이므로 800000을 나타내고 ㉡은 십의 자리 숫자이므로 80을 나타냅니다.
따라서 ㉠이 나타내는 값은 ㉡이 나타내는 값의 10000배입니다.

3 10000이 23개이면 230000
1000이 15개이면 15000
100이 8개이면 800
10이 16개이면 160

245960

4 먼저 천의 자리에 7을 써넣고 만의 자리부터 작은 숫자를 차례로 씁니다.

Jump 2 핵심응용하기 7쪽

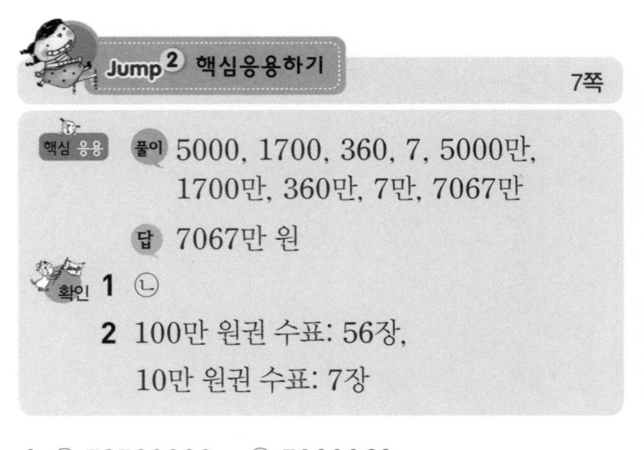

핵심 응용 풀이 5000, 1700, 360, 7, 5000만, 1700만, 360만, 7만, 7067만

답 7067만 원

확인 1 ㉡

2 100만 원권 수표: 56장,
10만 원권 수표: 7장

1 ㉠ 72700000 ㉡ 5080069
㉢ 36710043 ㉣ 94700000

2 56700000은 100만이 56개, 10만이 7개인 수이므로 100만 원권 수표 56장, 10만 원권 수표 7장으로 찾습니다.

Jump 1 핵심알기 8쪽

1 (1) 7426, 5041, 3689
(2) 천억, 7000억
(3) 4, 40만

2 200000배

3 6개

4 90조

2 십억의 자리 숫자 2는 2000000000을 나타내고 만의 자리 숫자 1은 10000을 나타내므로 200000배입니다.

3 100억이 37개이면 3700억, 억이 52개이면 52억, 10만이 44개이면 440만입니다.
따라서 3752억 440만을 숫자로 나타내면 375204400000이므로 0은 모두 6개입니다.

4 10광년은 1광년의 10배이므로 94조 6707억 7820만 km입니다.
따라서 숫자 9는 90조를 나타냅니다.

Jump 2 핵심응용하기 9쪽

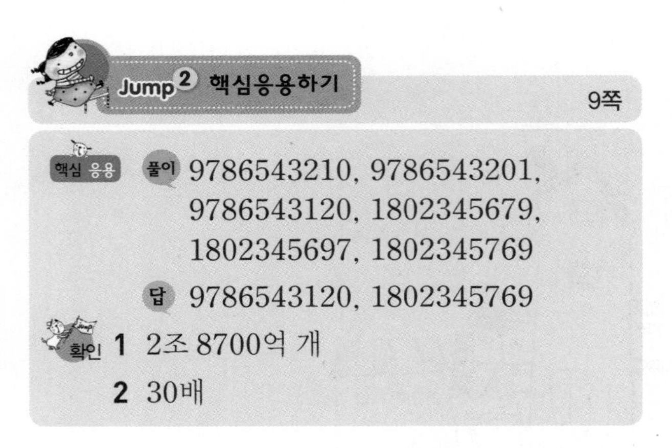

핵심 응용 풀이 9786543210, 9786543201, 9786543120, 1802345679, 1802345697, 1802345769

답 9786543120, 1802345769

확인 1 2조 8700억 개

2 30배

1 1 km는 1 m의 1000배이므로 1 m짜리 자를 28억 7000만의 1000배인 2조 8700억개 늘어놓은 것과 같습니다.

2 45억÷1억 5천만=30(배)

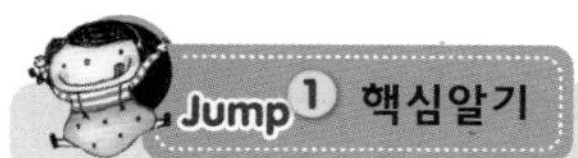

10쪽

1 (1) 1조 580억 (2) 3600억, 3조 6000억
2 $<$ 3 7, 8, 9
4 1조 4700억

1 (1) 1000억의 자리 숫자가 1씩 커지므로 1000억씩 뛰어 세기 한 것입니다.

2 억이 406개, 만이 27개인 수 ➡ 40600270000
$\underbrace{40600270000}_{11자리} < \underbrace{406000270502}_{12자리}$

3 천만의 자리 숫자가 $4<5$이므로 □ 안에는 7과 같거나 7보다 큰 숫자가 들어갈 수 있습니다.
따라서 □ 안에 들어갈 수 있는 숫자는 7, 8, 9입니다.

4 1조 3800억 $\xrightarrow[1번]{}$ 1조 3900억 $\xrightarrow[2번]{}$ 1조 4000억 … $\xrightarrow[9번]{}$ 1조 4700억

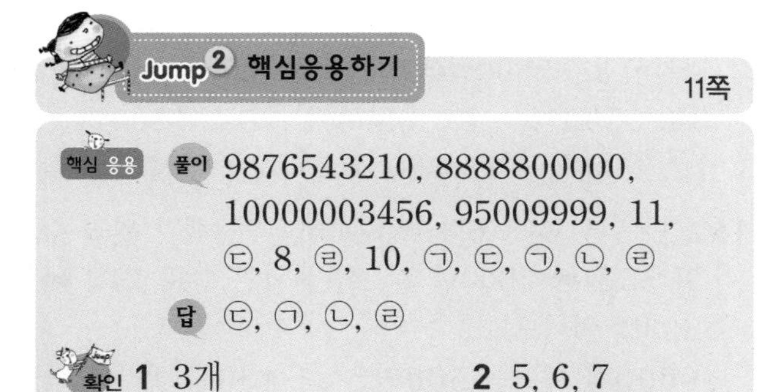

11쪽

핵심 응용 풀이 9876543210, 8888800000, 10000003456, 95009999, 11, ㉢, 8, ㉣, 10, ㉠, ㉢, ㉠, ㉡, ㉣
답 ㉢, ㉠, ㉡, ㉣
확인 1 3개 2 5, 6, 7

1 가장 큰 수부터 차례로 써 보면 9876543210, 9876543201, 9876543120, 9876543102, …이므로 9876543102보다 큰 수는 모두 3개입니다.

2 천만의 자리 숫자와 백만의 자리 숫자가 같고 만의 자리 숫자가 ㉠ $3>2$, ㉡ $2>0$이므로 십만의 자리 숫자는 ㉠: $4<$□, ㉡: □<8입니다. ㉠의 □ 안에 들어갈 수 있는 숫자는 5, 6, 7, 8, 9이고 ㉡의 □ 안에 들어갈 수 있는 숫자는 0, 1, 2, 3, 4, 5, 6, 7입니다.
따라서 □ 안에 공통으로 들어갈 수 있는 숫자는 5, 6, 7입니다.

12~17쪽

1 8549999 2 10000배
3 ㉠ 2, 4 ㉡ 9, 7 4 968754213
5 698754321 6 풀이 참조
7 ㉡, ㉢, ㉣, ㉠ 8 9990000003
9 9996665563300
10 9950억 5천, 1조 9900억 5천, 2조 9850억 5천
11 0 12 7867865544
13 6조 4532억 원
14 352079999999
15 4조 8500억, 6조 1500억, 7조 4500억
16 70장 17 4000만
18 11번

1 8549900보다 크고 8550000보다 작은 수는 8549901부터 8549999까지의 수이고 이 중에서 십의 자리와 일의 자리 숫자가 9인 일곱 자리 수는 8549999입니다.

2 가장 큰 수: 996505332
가장 작은 수: 233505699
가장 큰 수에서 6이 나타내는 값은 6000000이고 가장 작은 수에서 6이 나타내는 값은 600입니다.
따라서 6000000은 600의 10000배입니다.

3 두 수의 차가 가장 작으려면 두 수 중에서 큰 수인 501□67□3은 가장 작은 수, 작은 수인 3□685□14는 가장 큰 수가 되어야 합니다.
501□67□3이 가장 작은 경우는 각 자리의 숫자가 모두 달라야 하므로 □ 안에 2, 4를 써넣을 때이고, 3□685□14가 가장 큰 경우는 □ 안에 9, 7을 써넣을 때입니다.

4 천만의 자리와 일의 자리 숫자가 3으로 나누어떨어지면서 가장 큰 수가 되려면 천만의 자리 숫자가 6, 일의 자리 숫자가 3이어야 합니다.
따라서 □6□□□□□□3이면서 가장 큰 수는 968754213입니다.

5 7억에 가장 가까운 수는 억의 자리 숫자가 7일 때 가장 작은 수이고, 6일 때 가장 큰 수이어야 합니다. 712345689와 698754321을 비교하여 구합니다.

712345689－700000000＝12345689
700000000－698754321＝1245679
따라서 12345689＞1245679이므로 7억에 가장 가까운 수는 698754321입니다.

6 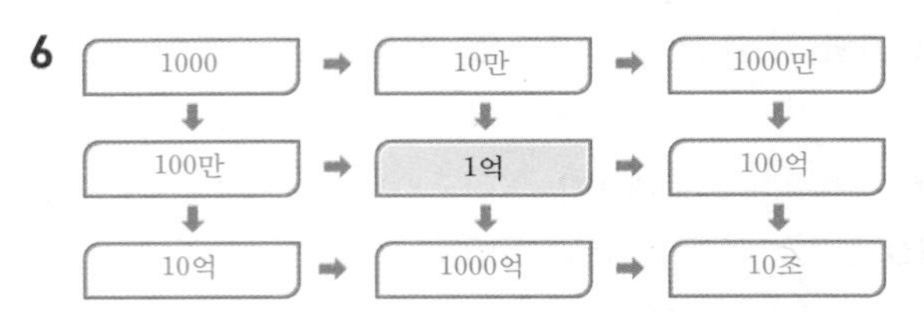

1억을 기준으로 하여 0을 추가하거나 지워가면서 생각해 봅니다.

7 자리 수가 가장 많은 ㉡이 가장 큰 수이고 천만의 자리 숫자가 7인 ㉠이 가장 작은 수입니다.
㉢에 가장 작은 수인 0을 넣고 ㉣에 가장 큰 수인 9를 넣어도 89450770＞89399579이므로 ㉢＞㉣입니다.
➡ ㉡＞㉢＞㉣＞㉠

8 10자리 수는 10억의 자리까지 있는 수입니다.
십억의 자리 숫자가 일의 자리 숫자의 3배인 수 중에서 가장 큰 수가 되려면 십억의 자리 숫자, 억의 자리 숫자, 천만의 자리 숫자가 모두 9이어야 하고 일의 자리 숫자는 3이 되어야 합니다.
따라서 가장 큰 수는 9990000003입니다.

9 가장 큰 수: 9996665553330
둘째 번으로 큰 수: 9996665553303
셋째 번으로 큰 수: 9996665553300
따라서 9996665553300보다 10000 큰 수는 9996665563300입니다.

10 29조 50억과 30조의 차는 9950억입니다.
따라서 용희는 9950억씩 뛰어 세었습니다.

11 숫자 카드의 숫자는 4, 5, 6, 7이므로 ㉠은 4보다 작거나 7보다 큽니다.
㉠이 4보다 작은 경우 가장 큰 수는 7654㉠, 가장 작은 수는 ㉠4567(㉠이 0이 아닌 경우) 또는 4㉠567(㉠이 0인 경우)입니다.
➡ 합: 7654㉠＋㉠4567＝117107에서 ㉠에 알맞은 수는 없습니다.
합: 7654㉠＋4㉠567＝117107에서 ㉠＝0입니다.
㉠이 7보다 큰 경우 가장 큰 수는 ㉠7654, 가장 작은 수는 4567㉠입니다.
➡ 합: ㉠7654＋4567㉠＝117107에서 ㉠에 알맞은 수는 없습니다.
따라서 ㉠＝0입니다.

12 십억의 자리 숫자는 7이고 천만의 자리 숫자가 6인 10자리 수는 7□6□□□□□□□□입니다.
십만의 자리 숫자가 일의 자리 숫자의 2배이므로 일의 자리 숫자는 4이고, 십만의 자리 숫자는 8입니다. ➡ 7□6□8□□□□4
이러한 수 중 가장 큰 수는 7867865544입니다.

13 70조－63조 5468억＝6조 4532억 (원)

14 3520억 8000만＝352080000000
3520억 8000만도 12자리 수이므로 ①과 ②를 만족하는 수 중에서 가장 큰 수는 3520억 8000만보다 1만큼 더 작은 수인 352079999999입니다.

15 3조 5500억에서 4번 뛰어 세어 8조 7500억이 되었으므로 8조 7500억－3조 5500억＝5조 2000억을 뛰어 센 것입니다.
4번 뛰어 세어 5조 2000억이 커졌고
1조 3000억＋1조 3000억＋1조 3000억＋1조 3000억＝5조 2000억이므로 한 번 뛰어 셀 때마다 1조 3000억씩 커지는 규칙입니다.
따라서 3조 5500억에서 1조 3000억씩 뛰어 세면 3조 5500억 - 4조 8500억 - 6조 1500억 - 7조 4500억 - 8조 7500억입니다.

16 천만 원권 수표 6장 ➡ 6000만 원, 백만 원권 수표 55장 ➡ 5500만 원, 십만 원권 수표 43장 ➡ 430만 원이므로
6000만 원＋5500만 원＋430만 원＝1억 1930만 원입니다.
1억 2000만 원을 만들려면
1억 2000만－1억 1930만＝70만 (원)이 더 있어야 하므로 만 원권 70장이 필요합니다.

17 가장 작은 일곱 자리 수: 2034568
2034568×10000＝20345680000에서 4는 천만의 자리 숫자이므로 4000만을 나타냅니다.

18 100조는 15자리 수이므로 100조보다 1111만큼 더 작은 수는 14자리 수이고 끝의 네 자리는 8889가 되므로 숫자 9는 14－3＝11(번) 써야 합니다.
$100조-1111=\underbrace{99...998889}_{14자리}$

Jump 4 왕중왕문제 18~23쪽

1	600억	2	900000001
3	876243109	4	16
5	68732019	6	2
7	8개	8	9
9	12개	10	150만
11	40개	12	14개
13	88855500	14	10개
15	1	16	1003900
17	10만 배	18	285714

1 작은 눈금 한 칸의 크기:
(300억－280억)÷8＝2억 5000만
㉠＝300억－(2억 5000만)×3
＝292억 5000만
㉡＝300억＋(2억 5000만)×3
＝307억 5000만
㉠＋㉡＝292억 5000만＋307억 5000만
＝600억

다른 풀이
㉠은 300억보다 작은 눈금 3칸 적고
㉡은 300억보다 작은 눈금 3칸 많으므로
㉠＋㉡＝300억＋300억＝600억

2 • 가장 큰 아홉 자리 수보다 1만큼 더 큰 수:
999999999＋1＝1000000000
• 가장 작은 아홉 자리 수보다 1만큼 더 작은 수:
100000000－1＝99999999
• 두 수의 차:
1000000000－99999999＝900000001

3 • 가장 큰 수: 876312409
• 둘째 번 큰 수: 876310924
• 셋째 번 큰 수: 876243109

4 가장 큰 수와 가장 작은 수의 차의 십억의 자리 숫자가 5이므로 뒤집어진 카드에 들어갈 수 있는 숫자는 9 또는 2입니다. 뒤집어진 카드의 숫자가 9라면 가장 큰 수와 가장 작은 수의 차는 다음과 같습니다.
(가장 큰 수)－(가장 작은 수)
＝9977554400－4004557799
＝5972996601
문제의 조건과 맞지 않으므로 뒤집어진 카드의 숫자는 2입니다.
4, 0, 7, 5, 2로 만들 수 있는 가장 작은 수는 2002445577이고
두 번째로 작은 수는 2002445757,
세 번째로 작은 수는 2002445775,
네 번째로 작은 수는 2002447557입니다.
따라서 ㉠＋㉡＋㉢＋㉣＝2＋4＋5＋5＝16입니다.

5 ㉡에서 앞 세 자리 숫자는 6, 8, 7입니다.
[6] [8] [7] [ ] [ ] [ ] [ ] [ ]
㉢에서 만의 자리 숫자가 3일 때 일의 자리 숫자는 9입니다.
천의 자리 숫자가 2일 때 십의 자리 숫자는 1이고 백의 자리 숫자는 0입니다.
따라서 구하려고 하는 8자리 수는 68732019입니다.

6 합을 구할 때, 일의 자리 숫자는 8을 12번 더한 것이므로 8×12＝96에서 6입니다. 십의 자리 숫자는 8을 11번 더한 것과 일의 자리의 계산에서 받아올림한 9의 합으로부터 구할 수 있습니다. 즉, 8×11＋9＝97에서 십의 자리 숫자는 7입니다.
같은 방법으로 백, 천, 만의 자리 숫자를 구해 보면
백의 자리 숫자: 8×10＋9＝89
천의 자리 숫자: 8×9＋8＝80
만의 자리 숫자: 8×8＋8＝72
따라서 만의 자리 숫자는 2입니다.

7 ㉠과 ㉢의 조건을 모두 만족하는 수는
56□99□□□□□□□□입니다.
5＋6＋9＋9＝29이고 각 자리의 숫자의 합이 30이 되어야 하므로 나머지 자리의 숫자는 1 한 개와 0을 7개 넣어야 합니다.
따라서 8개의 자리에 1을 1개 넣는 방법은 모두 8가지이므로 조건을 모두 만족하는 자연수는 8개입니다.

8 ㉠ 30억보다 큰 수 중 30억에 가장 가까운 수는 3012456789이므로 30억과의 차는 12456789입니다.

㉡ 30억보다 작은 수 중 30억에 가장 가까운 수는 2987654310이므로 30억과의 차는 12345690입니다.
따라서 30억에 가장 가까운 수는 2987654310이고 두 번째로 가까운 수는 2987654301이므로 두 수의 차는 9입니다.

9 857325416＞85㉠529735에서 십만의 자리 숫자가 3＜5이므로 백만의 자리 숫자는 7＞㉠입니다.
85㉠529735＞855418266에서 십만의 자리 숫자가 5＞4이므로 백만의 자리 숫자는 ㉠＝5 또는 ㉠＞5입니다.
따라서 ㉠에 들어갈 수 있는 숫자는 5, 6입니다.
855418266＞85541823㉡에서 십의 자리 숫자가 6＞3이므로 ㉡에 들어갈 수 있는 숫자는 0부터 9까지 모두 될 수 있습니다.
➡ 2＋10＝12(개)

10 4300만과 5650만 사이에 뛰어 센 수가 8개이므로 4300만에서 9번 뛰어 세어 5650만이 된 것입니다.
9번 뛰어 세어 5650만－4300만＝1350만이 커졌으므로 1350÷9＝150에서 한 번 뛰어 셀 때 150만씩 뛰어 센 것입니다.

11
• 123749부터 123769까지: 0개
• 123770부터 123779까지: 10개
• 123880부터 123889까지: 10개
• 123990부터 123999까지: 10개
• 124000부터 124009까지: 10개
따라서 모두 40개입니다.

12 1부터 100까지의 수에는 한 자리 수가 1～9(9개), 두 자리 수가 10～99(90개), 세 자리 수가 100(1개) 있으므로 사용된 숫자의 개수는 (1×9)＋(2×90)＋3×1＝192(개)입니다.
이 수에서 100개의 숫자를 지워서 가장 큰 수를 만들려면 앞자리에 놓인 숫자 9는 남기고 나머지 숫자를 차례로 지워 92자리의 수를 만들어야 합니다.
• 차례로 지우는 숫자: 1～8(8개), 10～19(19개), 20～29(19개), 30～39(19개), 40～49(19개), 50～55(12개)
8＋19×4＋12＝96(개)이므로 100개의 숫자를 지우려면 100－96＝4(개)의 숫자를 더 지워야 합니다.
더 지워야 할 4개의 숫자는 56, 57, 58, 59에서 5가 4개이고 남은 숫자는 99997859606162...99100입니다.
따라서 새로 만든 92자리의 가장 큰 수에서 숫자 6은 60, 61, 62, 63, 64, 65, 66, 67, 68, 69, 76, 86, 96으로 14개입니다.

13 차의 일의 자리 숫자가 2이므로 만들 수 있는 가장 큰 수의 일의 자리 숫자는 0이고,
만들 수 있는 가장 작은 수의 일의 자리 숫자는 8입니다.
따라서 뒤집힌 카드에 적힌 숫자는 8이 되어 가장 큰 수는 88855500입니다.

14 팔백구십오억 칠천만
＝895억 7000만＝89570000000
89570000000보다 크고 89571000000보다 작은 수이고 일의 자리, 십의 자리, 백의 자리, 천의 자리, 만의 자리 숫자가 모두 9이므로
89570□99999입니다.
□ 안에 들어갈 수 있는 숫자는 0부터 9까지이므로 세 조건을 모두 만족하는 자연수는 모두 10개입니다.

15 24□0831을 거꾸로 쓰면 1380□42입니다.

```
    2 4 □ 0 8 3 1
＋ 1 3 8 0 □ 4 2
─────────────────
    3 ■ ★ ▲ ★ 7 3
```

□＝0 ➡ 3＋7＋8＋0＋8＋7＋3＝36
□＝1 ➡ 3＋7＋9＋0＋9＋7＋3＝38
□＝2 ➡ 3＋8＋0＋1＋0＋7＋3＝22
□＝3 ➡ 3＋8＋1＋1＋1＋7＋3＝24
⋮
□＝9 ➡ 3＋8＋7＋1＋7＋7＋3＝36
따라서 각 자리 숫자의 합이 가장 커지는 경우는 □＝1일 때입니다.

16 153900－128900＝25000이므로 25000씩 뛰어 센 것입니다.
25000씩 40번을 뛰면 백만이므로 128900부터 25000씩 40번을 뛴 수는 1128900입니다.
1128900에서 25000씩 거꾸로 4번을 뛴 수는 1028900, 5번 뛴 수는 1003900, 6번 뛴 수는

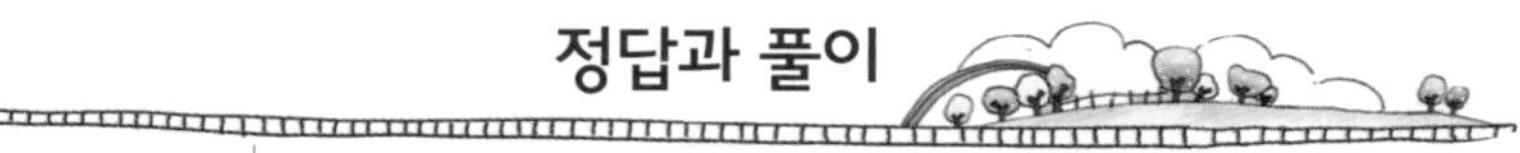

978900이므로 백만에 가장 가까운 수는 1003900입니다.

17 만의 자리 숫자가 9인 아홉 자리 수는 □□□□9□□□□이므로 가장 큰 수는 876594321, 가장 작은 수는 102394567입니다. 876594321에서 숫자 6은 백만의 자리 숫자이므로 600만을 나타내고, 102394567에서 숫자 6은 십의 자리 숫자이므로 60을 나타냅니다. 600만은 60의 10만 배입니다.

18 200000보다 크고 300000보다 작은 여섯 자리 수이므로 십만의 자리 숫자는 2입니다.
처음 수를 2㉠㉡㉢㉣㉤이라고 하면 십만의 자리 숫자를 일의 자리로 옮겨서 만든 수는 처음 수의 3배이므로
2㉠㉡㉢㉣㉤×3
=㉠㉡㉢㉣㉤2입니다.

$$\begin{array}{r} 2㉠㉡㉢㉣㉤ \\ \times \quad 3 \\ \hline ㉠㉡㉢㉣㉤2 \end{array}$$

㉤×3의 일의 자리 숫자가 2이므로 ㉤=4입니다.
㉣×3+1의 일의 자리 숫자가 ㉤=4이므로 ㉣×3의 일의 자리 숫자는 3이고 ㉣=1입니다.
같은 방법으로 차례로 ㉢, ㉡, ㉠을 구하면 ㉢=7, ㉡=5, ㉠=8입니다.
따라서 처음 수는 285714입니다.

24쪽

1 146652	2 2097150

1 4장의 숫자 카드를 모두 사용하여 만들 수 있는 네 자리 수는 천의 자리 숫자가 3, 5, 6, 8인 수로 나누어 생각하면 각각 6개씩이므로 모두 6×4=24(개)입니다.
또, 각 자리에는 4개의 숫자를 같은 개수씩 사용할 수 있으므로 각 숫자는 각각 24÷4=6(번)씩 사용하였습니다.

- (일의 자리 수의 합)
  =(3+5+6+8)×6=132
- (십의 자리 수의 합)
  =(3+5+6+8)×6×10=1320
- (백의 자리 수의 합)
  =(3+5+6+8)×6×100=13200
- (천의 자리 수의 합)
  =(3+5+6+8)×6×1000=132000

따라서 네 자리 수들의 합은
132+1320+13200+132000=146652입니다.

2 규칙을 찾습니다.
2+4=4+4−2=6
2+4+8=8+8−2=14
2+4+8+16=16+16−2=30
⋮
따라서 20번째 수까지의 합은
1048576+1048576−2=2097150입니다.

다른 풀이

20번째 수까지를 ㉮라고 하면
㉮=2+4+8+16+32+⋯+524288
+1048576
㉮÷2=1+2+4+8+16+32+⋯
+524288
㉮−(㉮÷2)=1048576−1
따라서 ㉮÷2=1048575이므로
㉮=1048575×2=2097150입니다.

2 각도

Jump① 핵심알기 26쪽

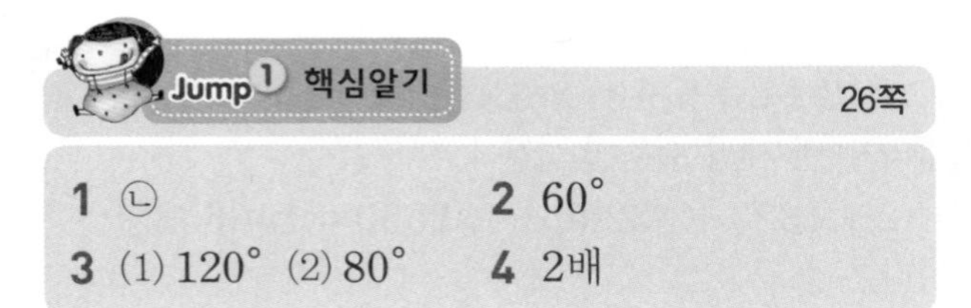

1 ㉡　　2 60°

3 (1) 120° (2) 80°　　4 2배

4 나누어진 각의 크기는 모두 같습니다.
(각 ㄱㅇㅁ)$=4\times$(각 ㄱㅇㄴ)$=2\times$(각 ㄱㅇㄷ)

Jump② 핵심응용하기 27쪽

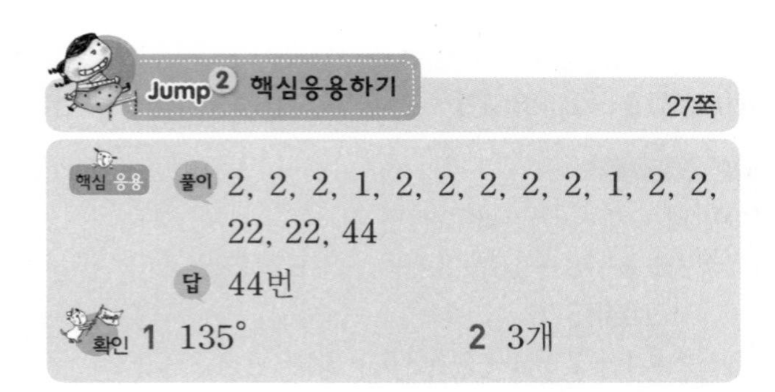

핵심 응용 풀이 2, 2, 2, 1, 2, 2, 2, 2, 2, 1, 2, 2, 22, 22, 44

답 44번

확인 1 135°　　2 3개

1 시계에서 숫자와 숫자 사이의 큰 눈금 한 칸의 크기는 $360°\div12=30°$입니다.
1시 30분은 짧은바늘이 숫자 1과 2 사이의 한가운데를 가리키고 있으므로 큰 눈금 4칸과 반입니다.
따라서 시계의 긴바늘과 짧은바늘이 이루는 작은 쪽의 각의 크기는 $30°\times4+15°=135°$입니다.

2

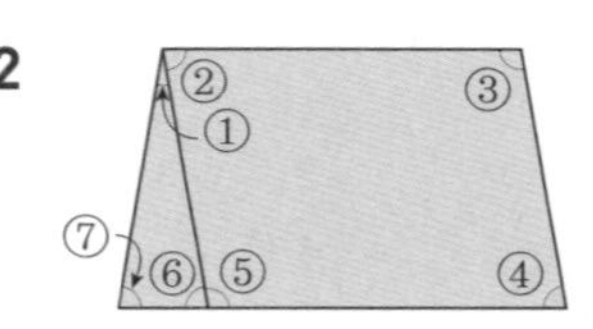

90°보다 크고 180°보다 작은 각을 찾으면 ①+②, ③, ⑤로 모두 3개입니다.

Jump① 핵심알기 28쪽

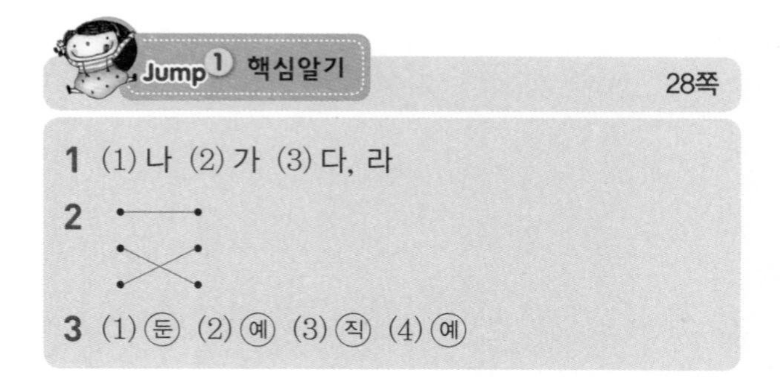

1 (1) 나 (2) 가 (3) 다, 라

2

3 (1) ㉡ (2) ㉠ (3) ㉢ (4) ㉠

2

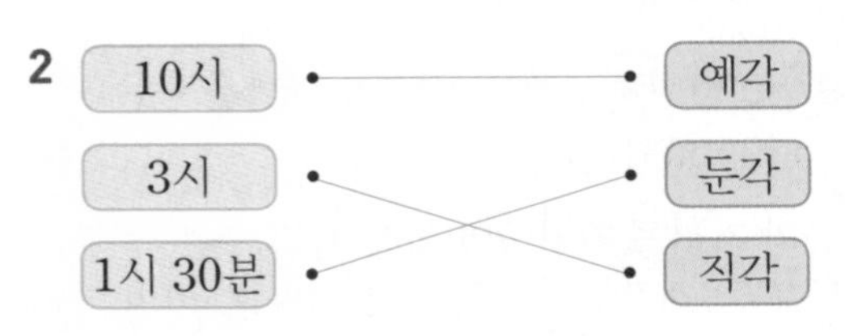

3 $0°<$(예각)$<90°$, $90°=$(직각),
$90°<$(둔각)$<180°$

Jump② 핵심응용하기 29쪽

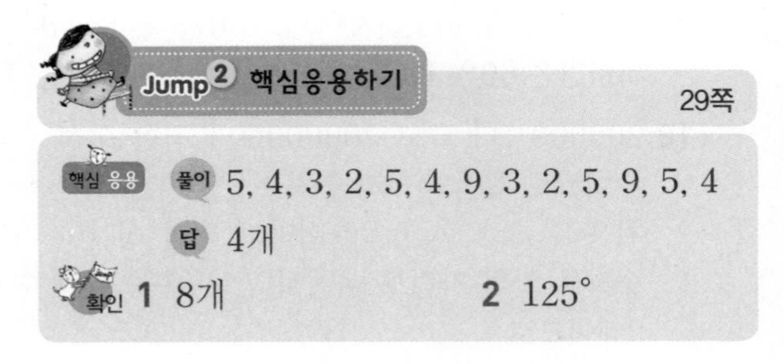

핵심 응용 풀이 5, 4, 3, 2, 5, 4, 9, 3, 2, 5, 9, 5, 4

답 4개

확인 1 8개　　2 125°

1

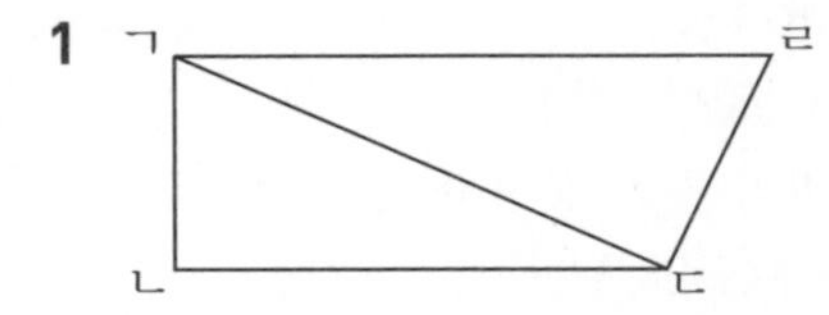

도형에서 180°보다 작은 각은 각 ㄱㄴㄷ, 각 ㄴㄷㄱ, 각 ㄴㄱㄷ, 각 ㄱㄹㄷ, 각 ㄷㄱㄹ, 각 ㄱㄷㄹ, 각 ㄴㄱㄹ, 각 ㄴㄷㄹ로 모두 8개입니다.

2 도형에서 찾을 수 있는 둔각은 각 ㄱㄷㄴ입니다.
삼각형 ㄱㄷㄹ에서
(각 ㄱㄷㄹ)$=180°-90°-35°=55°$이므로
(각 ㄱㄷㄴ)$=180°-55°=125°$입니다.

Jump① 핵심알기 30쪽

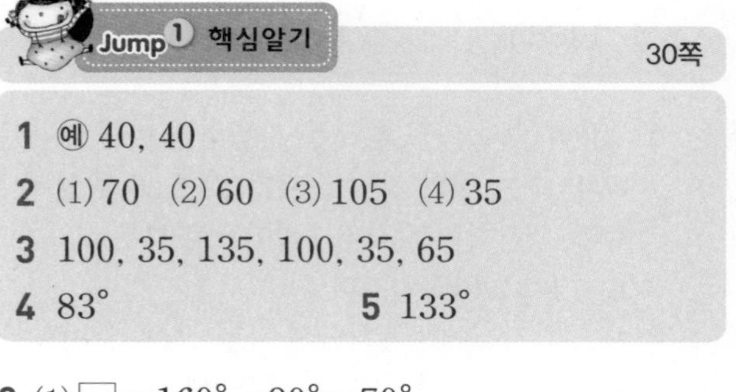

1 ㉠ 40, 40

2 (1) 70 (2) 60 (3) 105 (4) 35

3 100, 35, 135, 100, 35, 65

4 83°　　5 133°

2

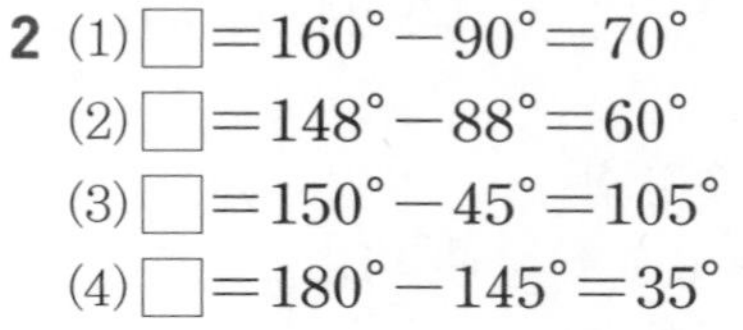

(1) $\square=160°-90°=70°$
(2) $\square=148°-88°=60°$
(3) $\square=150°-45°=105°$
(4) $\square=180°-145°=35°$

3 가장 큰 각은 100°이고 가장 작은 각은 35°입니다.

4 ㉠$=180° - (43° + 54°) = 83°$

5 (각 ㄱㅇㄹ)$=180° - 47° = 133°$

Jump 2 핵심응용하기 31쪽

핵심 응용 풀이 180, 180, 113, 54, 54, 59, 113, 59, 172

답 172°

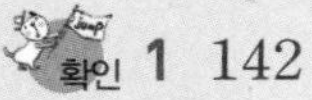
확인 1 142

2 ㉠: 40°, ㉡: 50°, ㉢: 90°

1 직각은 90°입니다.
$345° + 90° - \square = 293°$, $435° - \square = 293°$,
$\square = 435° - 293° = 142°$

2 ㉡$=90° - 40° = 50°$
㉠$=180° - (90° + 50°) = 40°$
㉢$=90°$

Jump 1 핵심알기 32쪽

1 (1) 75 (2) 140 2 60°
3 20° 4 40°

1 (1) $\square = 180° - (35° + 70°) = 75°$
(2)

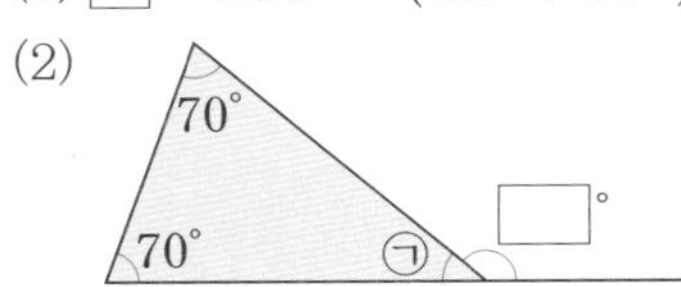

㉠$=180° - 70° - 70° = 40°$
$\square = 180° - 40° = 140°$

2 삼각형의 세 각의 크기의 합은 180°입니다.
➡ ㉠+㉡$=180° - 120° = 60°$

3

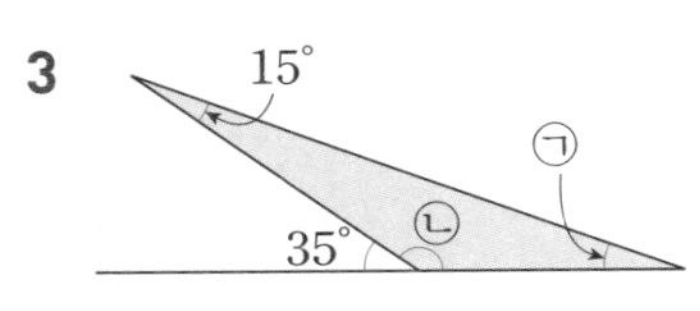

$35° +$ ㉡ $= 180°$,
㉡$=180° - 35° = 145°$
$145° + 15° +$ ㉠ $= 180°$,
㉠$=180° - 145° - 15° = 20°$

4 $65° + 40° +$ ㉠ $= 180°$,
㉠$=180° - 65° - 40° = 75°$
$55° +$ ㉡ $+ 90° = 180°$,
㉡$=180° - 55° - 90° = 35°$
➡ ㉠−㉡$=75° - 35° = 40°$

Jump 2 핵심응용하기 33쪽

핵심 응용 풀이 40, 82, 63, 42, 82, 42, 56

답 56°

확인 1 75° 2 80°

1

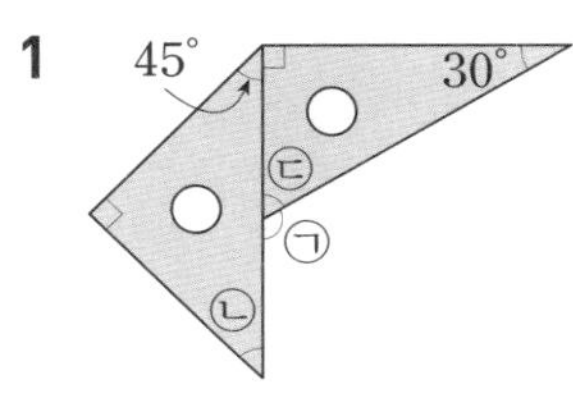

㉢$=180° - (90° + 30°) = 60°$
㉠$=180° - 60° = 120°$
㉡$=180° - (90° + 45°) = 45°$
➡ ㉠−㉡$=120° - 45° = 75°$

2 (각 ㄱㅁㄴ)$=180° - (85° + 35°) = 60°$
(각 ㄴㅁㄷ)$=180° - 60° = 120°$
(각 ㄹㅁㄷ)$=180° - 120° = 60°$
(각 ㄹㄷㅁ)$=180° - (40° + 60°) = 80°$

Jump 1 핵심알기 34쪽

1 (1) 59 (2) 95 2 185°
3 132° 4 85°

1 (1) $\square = 360° - 105° - 106° - 90° = 59°$
(2)

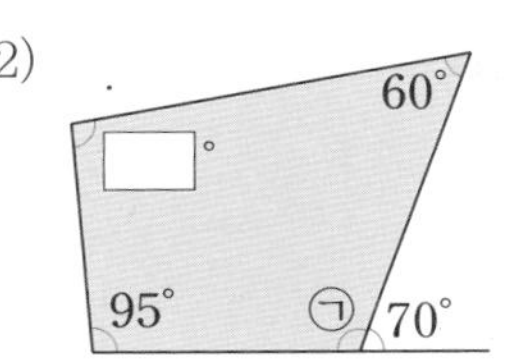

㉠$=180^\circ-70^\circ=110^\circ$
□$=360^\circ-95^\circ-110^\circ-60^\circ=95^\circ$

2 사각형의 네 각의 크기의 합은 360°입니다.
➡ ㉠+㉡$=360^\circ-115^\circ-60^\circ$
$=185^\circ$

3 $90^\circ+138^\circ+$㉠$=360^\circ$이므로
㉠$=360^\circ-138^\circ-90^\circ=132^\circ$입니다.

4 $85^\circ+80^\circ+45^\circ+$㉠$=360^\circ$,
㉠$=360^\circ-85^\circ-80^\circ-45^\circ=150^\circ$
㉡$+90^\circ+115^\circ+90^\circ=360^\circ$,
㉡$=360^\circ-90^\circ-115^\circ-90^\circ=65^\circ$
➡ ㉠−㉡$=150^\circ-65^\circ=85^\circ$

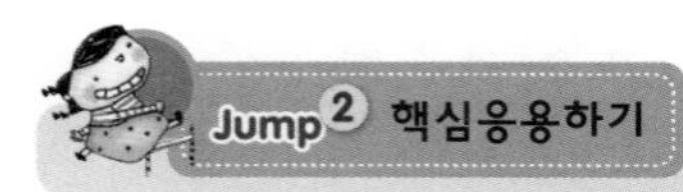

35쪽

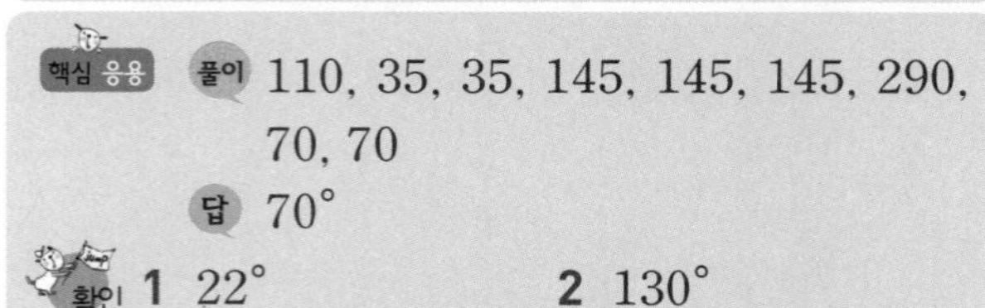
핵심 응용 풀이 110, 35, 35, 145, 145, 145, 290, 70, 70
답 70°
확인 **1** 22° **2** 130°

1 (각 ㄴㅁㄹ)$=180^\circ-63^\circ=117^\circ$
(각 ㄹㄴㅁ)$=90^\circ-49^\circ=41^\circ$
삼각형 ㄴㄹㅁ에서
(각 ㄴㄹㅁ)$=180^\circ-117^\circ-41^\circ=22^\circ$입니다.

2 종이를 접었을 때, ㉢과 ㉣의 각도는 같습니다.

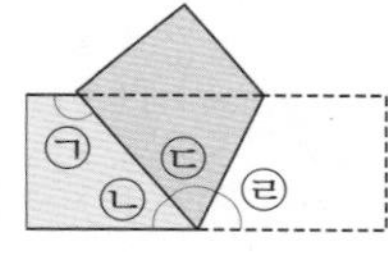

㉡$=180^\circ-65^\circ-65^\circ$
$=50^\circ$
직사각형의 네 각의 크기의 합은 360°이므로
㉠$=360^\circ-(90^\circ+90^\circ+50^\circ)=130^\circ$입니다.

Jump 3 왕문제 36~41쪽

1	132	**2**	54°
3	164°	**4**	8번
5	80	**6**	360°
7	75°	**8**	예각
9	74°	**10**	10°
11	106°	**12**	124°
13	77°	**14**	11시 40분
15	69°	**16**	30°
17	37°	**18**	45°

1 • 오각형의 한 각의 크기: $(180^\circ\times3)\div5=108^\circ$
• 육각형의 한 각의 크기: $(180^\circ\times4)\div6=120^\circ$
□$=360^\circ-(108^\circ+120^\circ)=132^\circ$

2

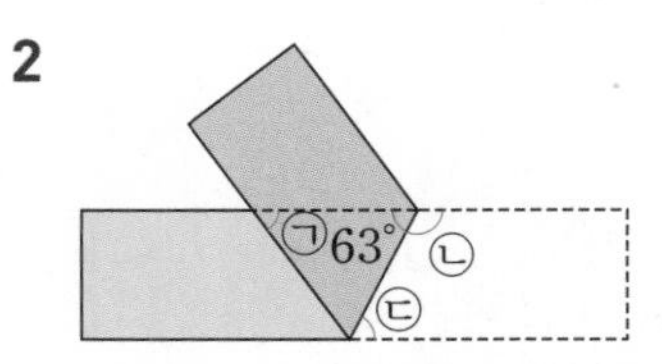

㉡$=180^\circ-63^\circ=117^\circ$이므로
㉢$=360^\circ-(90^\circ+90^\circ+117^\circ)=63^\circ$입니다.
따라서 ㉠$=180^\circ-63^\circ-63^\circ=54^\circ$입니다.

3 (각 ㄱㄹㄷ)+(각 ㄱㄴㄷ)$=360^\circ-(112^\circ+80^\circ)$
$=168^\circ$이므로
(각 ㄱㄹㅇ)+(각 ㄱㄴㅇ)$=168^\circ\div2=84^\circ$입니다.
따라서 구하려는 각도는
$360^\circ-(112^\circ+84^\circ)=164^\circ$입니다.

4 1시: 예각, 2시: 예각, 3시: 직각, 4시: 둔각, 5시: 둔각, 6시: 180°, 7시: 둔각, 8시: 둔각, 9시: 직각, 10시: 예각, 11시: 예각, 12시: 0°
따라서 예각인 경우는 오전에 4번, 오후에 4번이므로 하루에 $4+4=8$(번)입니다.

5

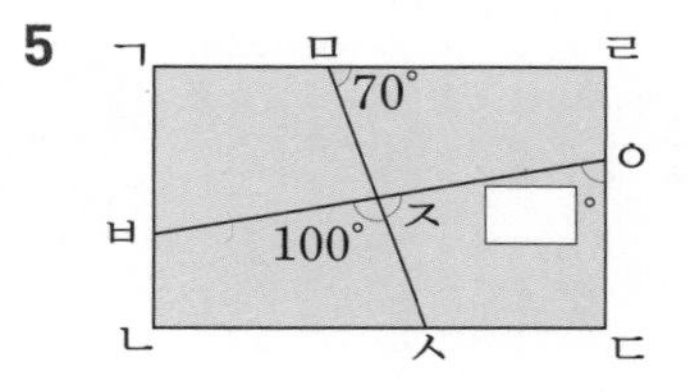

사각형 ㅁㅅㄷㄹ에서
(각 ㅁㅅㄷ)$=360^\circ-(70^\circ+90^\circ+90^\circ)=110^\circ$입니다.
따라서 (각 ㅇㅈㅅ)$=180^\circ-100^\circ=80^\circ$이므로
□$=360^\circ-(80^\circ+110^\circ+90^\circ)=80^\circ$입니다.

6

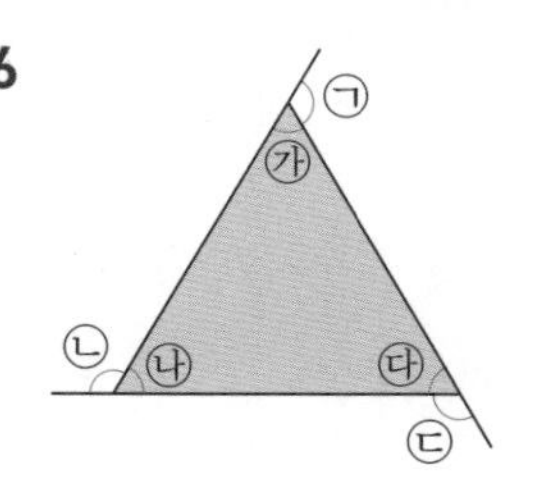

㉠+㉮=180°, ㉡+㉯=180°,
㉢+㉰=180°
삼각형의 세 각의 크기의 합은 180°이므로
㉮+㉯+㉰=180°입니다.
㉠+㉮+㉡+㉯+㉢+㉰
=180°+180°+180°,
(㉠+㉡+㉢)+(㉮+㉯+㉰)=540°,
(㉠+㉡+㉢)+180°=540°,
(㉠+㉡+㉢)=360°

7 (180°−㉠)+㉠=180°,
(180°−㉠)+㉡+75°=180°이므로
㉠=㉡+75°입니다.
➡ ㉠−㉡=75°

다른 풀이
㉠+㉢=㉡+75°+㉢=180°이므로
㉠=㉡+75°에서 ㉠−㉡=75°입니다.

8 4시 40분부터 3시간 50분 후는 8시 30분입니다. 8시 30분에 짧은바늘과 긴바늘이 이루는 작은 쪽의 각은 짧은바늘이 8과 9의 한 가운데에 있고, 시계의 큰 눈금 1칸은 30°이므로 30°×2+15°=75°입니다.
따라서 예각입니다.

9 직사각형은 네 각이 모두 직각인 사각형입니다.
(각 ㄴㅁㅂ)=180°−(74°×2)=32°
㉠=360°−(90°+90°+32°+74°)=74°

10 ㉠=180°−(70°+65°)=45°
(각 ㅂㅁㄷ)=180°−150°=30°
(각 ㅁㅂㄷ)=180°−65°=115°
㉡=180°−(30°+115°)=35°
따라서 ㉠과 ㉡의 각도의 차는 45°−35°=10°입니다.

11 삼각형 ㄱㄹㅁ에서
(각 ㄱㅁㄹ)=180°−56°−71°=53°
삼각형 ㄱㄴㄷ에서
(각 ㄱㄷㄴ)=180°−56°−63°=61°
삼각형 ㅁㅂㄷ에서
(각 ㅂㅁㄷ)=180°−98°−61°=21°
따라서 ㉠=180°−53°−21°=106°입니다.

다른 풀이
사각형 ㄹㄴㅂㅁ에서
(각 ㄴㄹㅁ)=180°−71°=109°,
(각 ㄴㅂㅁ)=180°−98°=82°입니다.
따라서 ㉠=360°−109°−63°−82°=106°입니다.

12

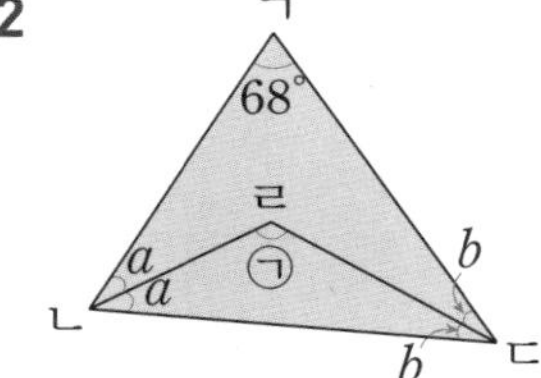

$(a+a+b+b)+68°=180°$이므로
$(a+a+b+b)=180°-68°=112°$,
$(a+b)=112°\div2=56°$입니다.
따라서 ㉠=180°−56°=124°입니다.

13

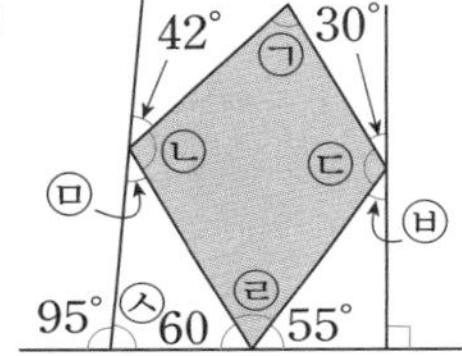

㉦=180°−95°=85°
㉤=180°−85°−60°=35°
㉡=180°−42°−35°=103°
㉣=180°−60°−55°=65°
㉥=180°−90°−55°=35°
㉢=180°−30°−35°=115°
➡ ㉠=360°−103°−65°−115°=77°

14 짧은바늘은 10분에 5° 움직이는 데 45°를 움직였으므로 45°÷5°=9, 9×10=90(분) 지난 것입니다.
긴바늘은 한 시간에 360°를 움직이는 데 180° 움직였으면 30분 지났거나 180°에 360° 더 움직여서 180°를 움직인 것처럼 보일 수도 있으므로 60+30=90(분) 지났습니다.
➡ 10시 10분+1시간 30분=11시 40분

15 사각형 ㄱㄴㄷㄹ에서 180°보다 큰 각은
360°−113°=247°입니다.
(각 ㄱㄴㄷ)=360°−(20°+247°+24°)
=69°

16 세 변의 길이가 모두 같은 삼각형은 세 각의 크기가 모두 같으므로 각 ㄴㄱㅁ의 크기는 $60°$입니다. 삼각형 ㄱㄹㅁ은 두 변의 길이가 같은 삼각형이고 각 ㄹㄱㅁ의 크기는 $30°$이므로 각 ㄱㄹㅁ의 크기는 $75°$입니다. 그런데 각 ㄱㄹㄴ의 크기는 $45°$이므로 각 ㄴㄹㅁ의 크기는 $75°-45°=30°$입니다.

17 ㉡$=180°-(53°+90°)=37°$
㉢$=180°-(37°+90°)=53°$
㉠$=180°-(53°+90°)=37°$

18 삼각형 ㄱㄴㅁ이 두 변의 길이가 같은 삼각형이므로
(각 ㄱㅁㄴ)$=180°-(75°\times2)=30°$입니다.
(변 ㄱㅁ)$=$(변 ㄴㅁ)$=$(변 ㅁㄹ)이므로
삼각형 ㄱㅁㄹ도 두 변의 길이가 같은 삼각형입니다.
(각 ㄱㅁㄹ)$=30°+90°=120°$이므로
(각 ㅁㄱㄹ)$=(180°-120°)\div2=30°$입니다.
따라서 각 ㄴㄱㅂ의 크기는 $75°-30°=45°$입니다.

42~47쪽

1 160° **2** 145°
3 29
4 예각: 36개, 둔각: 36개
5 420° **6** 165°
7 64° **8** 540°
9 19° **10** ㉠: 100°, ㉡: 20°
11 120° **12** 67°
13 14° **14** 70°
15 98° **16** 40°
17 360° **18** 45°

1 크고 작은 각을 찾아보면
각 1개짜리: ㉮, ㉯, ㉰, ㉱
각 2개짜리: (㉮+㉯), (㉯+㉰), (㉰+㉱)
각 3개짜리: (㉮+㉯+㉰), (㉯+㉰+㉱)
각 4개짜리: ㉮+㉯+㉰+㉱
모든 각도를 더하면
㉮$\times4+$㉯$\times6+$㉰$\times6+$㉱$\times4$이므로
㉮$\times4+$㉮$\times2\times6+$㉮$\times3\times6+$㉮$\times4\times4$
$=$㉮$\times50$,
㉮$\times50=800$에서 ㉮$=800\div50=16(°)$입니다.
따라서
(각 ㄱㄴㄷ)$=16+16\times2+16\times3+16\times4$
$=16\times10=160(°)$입니다.

2

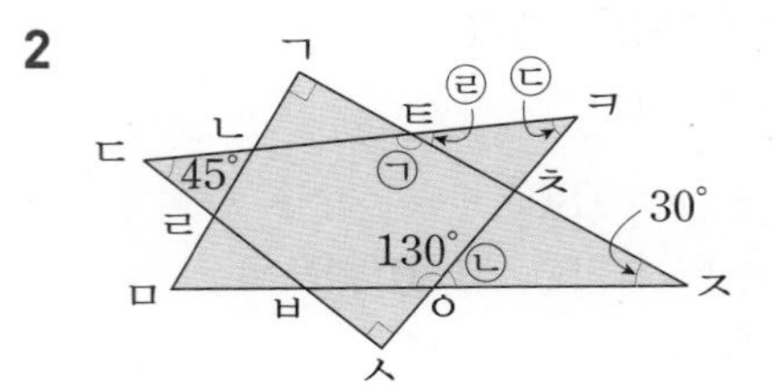

㉡$=180°-130°=50°$
삼각형 ㅋㅅㄷ에서
㉢$=180°-45°-90°=45°$입니다.
(각 ㅇㅊㅈ)$=180°-50°-30°=100°$,
(각 ㅌㅊㅇ)$=80°$이므로
(각 ㅌㅊㅋ)$=100°$입니다.
㉣$=180°-45°-100°=35°$
따라서 ㉠$=180°-35°=145°$입니다.

3 긴바늘은 1시간에 $360°$만큼 움직이므로 10분에는 $360°\div6=60°$만큼 움직입니다.
짧은바늘은 1시간에 $360°\div12=30°$만큼 움직이므로 10분 동안에는 $30°\div6=5°$만큼 움직입니다.
긴바늘은 짧은바늘보다 10분에 $60°-5=55°$ 더 움직이고, 긴바늘이 짧은바늘보다 $275°$만큼 더 움직였으므로 $275°\div55°=5$에서 버스를 타고 있던 시간은 $10\times5=50$(분)입니다.
그러므로 버스에 탄 시각은
5시 15분$-$50분$=$4시 25분입니다.
㉠$=4$, ㉡$=25$이므로 ㉠$+$㉡$=29$입니다.

4

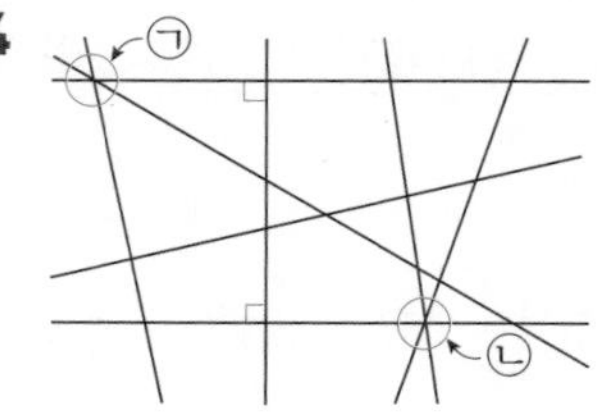

두 직선이 만나면 4개의 각을 이루는데 직각이 아닌 경우 예각과 둔각이 2개씩 생기고 세 직선이 만나는 ㉠과 ㉡은 크고 작은 예각과 둔각이 각각 6개씩 생깁니다.
따라서 예각과 둔각은 각각

$(2\times12)+(6\times2)=36$(개)씩입니다.

5 $a+b=180°-30°=150°$이므로
㉠+㉡+㉢+㉣$=180°\times2-150°=210°$입니다.
$c+d=180°-30°=150°$이므로
㉤+㉥+㉦+㉧$=180°\times2-150°=210°$입니다.
따라서 ㉠+㉡+㉢+㉣+㉤+㉥+㉦+㉧
$=210°+210°=420°$입니다.

6 2시 57분부터 3시 27분까지 30분 동안 긴바늘은 $6°\times30=180°$ 움직입니다.
짧은바늘은 1시간에 30° 움직이므로 30분 동안 $30°\div2=15°$ 움직입니다.
따라서 짧은바늘과 긴바늘이 움직인 각도의 차는 $180°-15°=165°$입니다.

7 선분 ㄱㄷ을 접는 선으로 접었기 때문에 각 ㄴㄱㄷ과 각 ㅂㄱㄷ의 크기가 같습니다.
• (각 ㄴㄱㄷ)$=90°-32°=58°$
• (각 ㅅㄱㄹ)$=58°-32°=26°$
따라서 삼각형 ㅅㄱㄹ에서
(각 ㅂㅅㄷ)=(각 ㄱㅅㄹ)
$=180°-26°-90°$
$=64°$입니다.

8

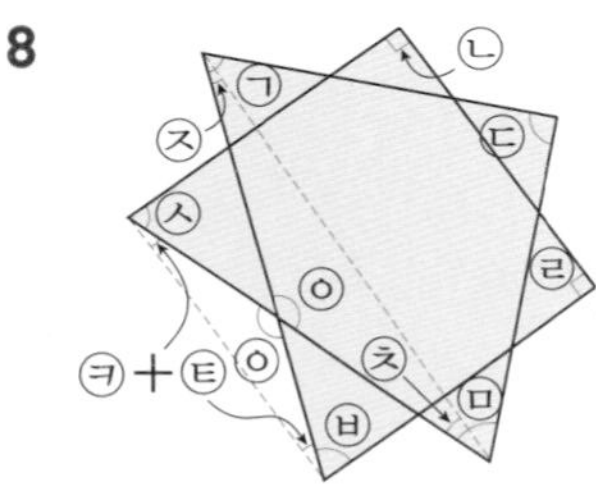

보조선을 그리면 각 ㉧은 마주 보는 각이므로 크기가 같고 ㉨+㉩의 각도는 ㉪+㉫의 각도와 같으므로 주어진 도형은 삼각형과 사각형으로 나누어집니다.
따라서 ㉠, ㉡, ㉢, ㉣, ㉤, ㉥, ㉦의 각도의 합은 $180°+360°=540°$입니다.

9 (각 ㄹㄱㅁ)$=90°-64°=26°$이므로
각 ㅂㄱㅁ의 크기도 26°이고
(각 ㄴㄱㅂ)$=64°-26°=38°$입니다.
변 ㄱㄴ과 변 ㄱㅂ의 길이가 같으므로
(각 ㄱㄴㅂ)$=(180°-38°)\div2=71°$입니다.
따라서 ㉠$=90°-71°=19°$입니다.

10

각 ㄱㄴㄷ의 크기는 $180°-(20°\times2)=140°$이고 각 ㄷㄴㄹ의 크기는 $180°-140°=40°$이므로 ㉠$=180°-(40°\times2)=100°$입니다.
각 ㄹㄷㅁ의 크기는 $180°-20°-100°=60°$이고 각 ㅁㄹㅂ의 크기는 $180°-40°-60°=80°$이므로 ㉡$=180°-(80°\times2)=20°$입니다.

11 변 ㄱㅁ과 변 ㄱㄹ의 길이가 같으므로 삼각형 ㄱㅁㄹ은 두 변의 길이가 같은 삼각형입니다.
각 ㄴㄱㅁ이 60°이므로
(각 ㄹㄱㅁ)$=90°-60°=30°$입니다.
(각 ㄱㄹㅁ)$=(180°-30°)\div2=75°$이고
(각 ㅂㄹㄷ)$=90°-75°=15°$입니다.
따라서 ㉠$=180°-(60°+75°)=45°$이고
㉡$=180°-(90°+15°)=75°$이므로
㉠+㉡$=45°+75°=120°$입니다.

12 (각 ㄱㅇㅈ)=(각 ㅈㅇㄷ)=(각 ㄷㅇㄹ)
$=180°\div3=60°$이므로
(각 ㄱㅇㄷ)$=60°\times2=120°$입니다.
(각 ㅁㄴㅂ)=(각 ㅁㅅㅂ)$=54°$이므로
사각형 ㄱㄴㄷㅇ에서
(각 ㅂㄷㅇ)$=360°-(80°+54°+120°)$
$=106°$입니다.

따라서
(각 ㅈㄷㅂ)=(각 ㅇㄷㅈ)$=106°\div2=53°$이므로
(각 ㅇㅈㄷ)$=180°-60°-53°=67°$입니다.

13 • (각 ㄴㄹㄷ)=(각 ㄹㄴㄷ)$=60°-23°=37°$
• (각 ㄴㄷㄹ)$=180°-(37°+37°)=106°$
• (각 ㄹㄷㅁ)=(각 ㄱㄷㄴ)$=60°$
따라서 각 ㄱㄷㅁ의 크기는
$60°+60°-106°=14°$입니다.

14 각 ㄱㄴㄷ의 크기는 $180°-110°=70°$이므로 삼각형 ㄱㄴㄷ에서 각 ㄱㄷㄴ의 크기는 $180°-50°-70°=60°$이고 삼각형 ㄹㅁㄷ에서 각 ㄹㄷㅁ의 크기는 $90°-40°=50°$입니다.
따라서 구하려고 하는 각도는
$180°-60°-50°=70°$입니다.

15

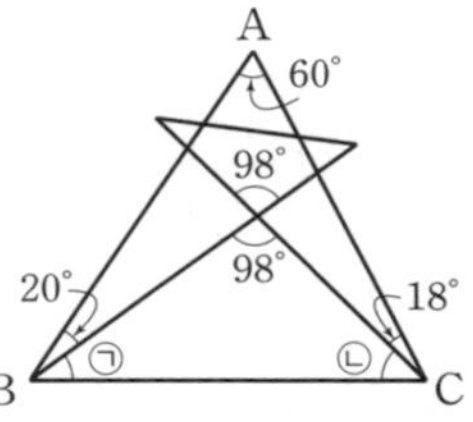

보조선을 그어 삼각형 ABC를 만들어 생각합니다.
각 ㉠+각 ㉡은
180°−(60°+20°+18°)=82°이므로
구하려고 하는 각도는 180°−82°=98°입니다.

16

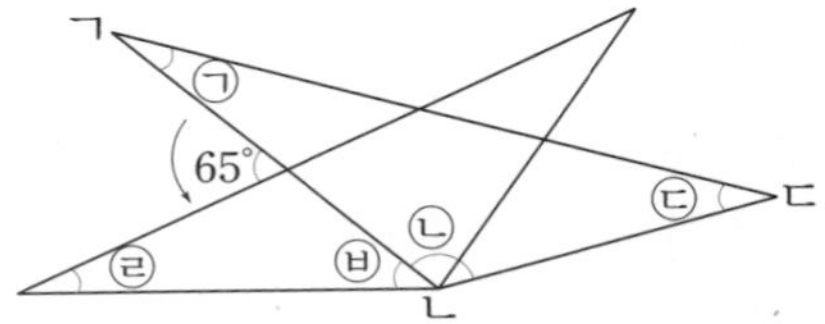

㉠=㉡−100°, ㉢=㉡−95°이므로
㉠+㉡+㉢=180°에서
㉡−100°+㉡+㉡−95°=180°,
㉡+㉡+㉡=375°, ㉡=125°입니다.
따라서 ㉠=125°−100°=25°,
㉢=125°−95°=30°입니다.
㉣=㉠=25°, ㉤=180°−65°=115°,
㉥=180°−(㉣+㉤)
=180°−(25°+115°)
=40°
삼각형 ㄱㄴㄷ을 40°만큼 돌린 것입니다.

17 ㉮, ㉯, ㉰, ㉱ 4개의 각도의 합은 360°입니다.
따라서 ㉠~㉧의 8개의 각도의 합은
180°×4−360°=360(°)입니다.

18

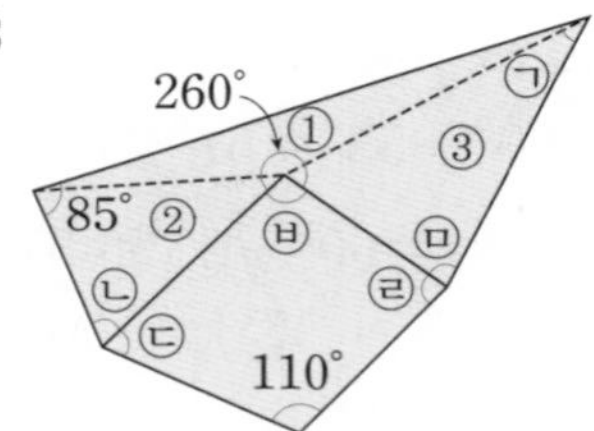

㉥=360°−260°=100°
㉢+㉣=㉡+㉤
=360°−100°−110°=150°
삼각형 ①, ②, ③에서 모든 각도의 합은
180°×3=540°이므로
㉠=540°−260°−85°−150°=45°입니다.

48쪽

1 88° **2** 103°

1

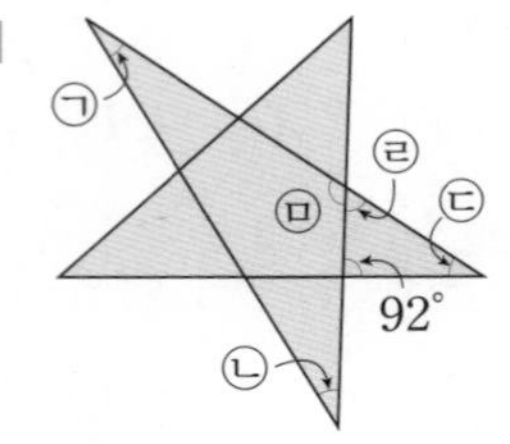

92°+㉢+㉣=180°이고
㉤+㉣=180°이므로
92°+㉢+㉣=㉤+㉣, 92°+㉢=㉤입니다.
㉠+㉡+㉤=㉠+㉡+(92°+㉢)=180°이므로 ㉠+㉡+㉢=180°−92°=88°입니다.

2 접은 부분의 각의 크기는 같으므로
(각 ㅅㅂㄴ)=(각 ㅅㅂㅇ),
(각 ㅁㅂㄹ)=(각 ㄹㅂㄷ)
(각 ㅅㅂㄴ)×2+26°+(각 ㄹㅂㄷ)×2
=180°
➡ (각 ㅅㅂㄴ)+(각 ㄹㅂㄷ)
=(180°−26°)÷2=77°
삼각형 ㅅㄴㅂ의 세 각과 삼각형 ㄹㅂㄷ의 세 각의 크기의 합은 360°이므로
(각 ㉠)+90°+(각 ㅅㅂㄴ)+(각 ㉡)+90°
+(각 ㄹㅂㄷ)=360°
(각 ㉠)+(각 ㉡)
=360°−90°−90°−{(각 ㅅㅂㄴ)+(각 ㄹㅂㄷ)}
=180°−77°=103°입니다.

3 곱셈과 나눗셈

Jump① 핵심알기 50쪽

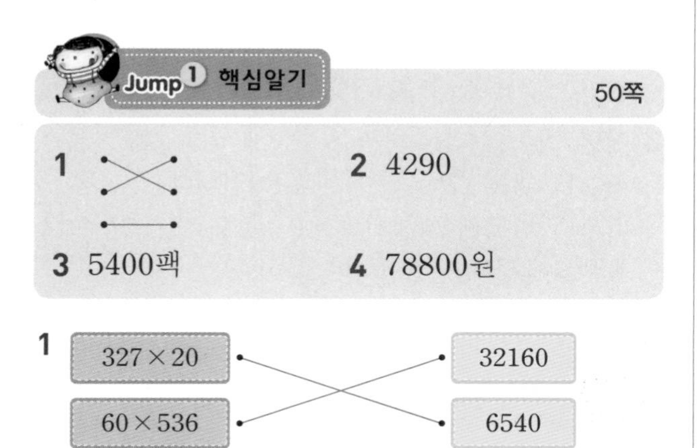

1 ⋯ 2 4290

3 5400팩 4 78800원

1 327×20 — 6540, 60×536 — 32160, 853×40 — 34120

2 곱이 같아지게 하려면 20이 20의 $\frac{1}{10}$인 2가 되었으므로 429는 10배인 수 4290이 되어야 합니다.

3 30×180=5400(팩)

4 985×80=78800(원)

Jump② 핵심응용하기 51쪽

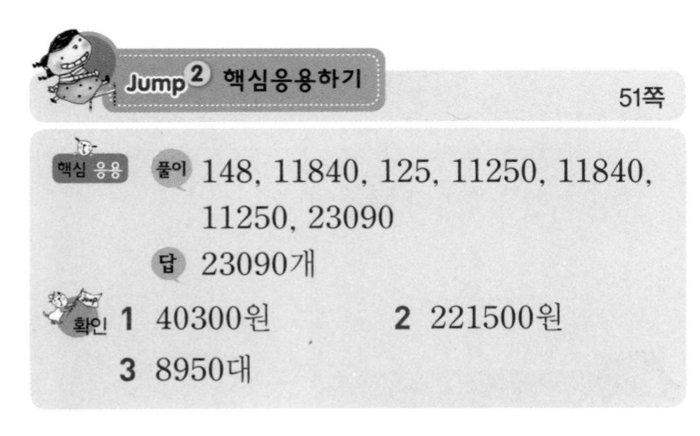

핵심 응용 풀이 148, 11840, 125, 11250, 11840, 11250, 23090

답 23090개

확인 1 40300원 2 221500원

3 8950대

1 (달걀을 팔아서 번 돈)=325×60=19500(원),
(오리알을 팔아서 번 돈)=520×40
=20800(원)
따라서 수입은 모두
19500+20800=40300(원)입니다.

2 • (학생 입장료)=285×700=199500(원),
• (선생님 입장료)=11×2000=22000(원)
• (전체 입장료)=199500+22000
=221500(원)

3 • (㉮공장에서 만든 자전거의 수)=254×50
=12700(대)
• (㉯공장에서 만든 자전거의 수)=275×30
=8250(대)
• (㉰ 공장에서 만든 자전거의 수)=215×80
=17200(대)
따라서 자전거를 가장 많이 만든 공장은 ㉰ 공장이고 가장 적게 만든 공장은 ㉯ 공장이므로 만든 자전거 수의 차는 17200−8250=8950(대)입니다.

Jump① 핵심알기 52쪽

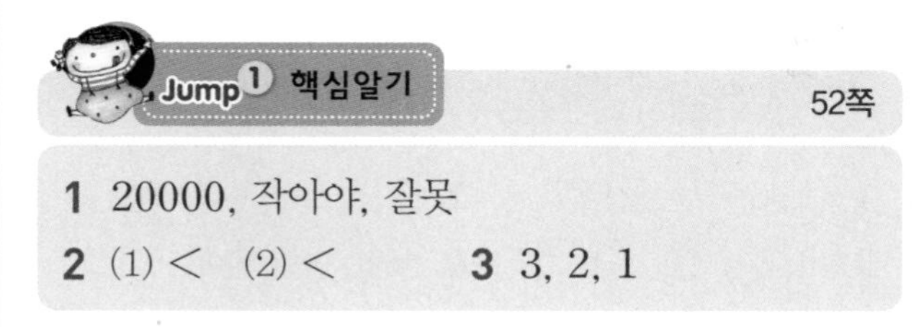

1 20000, 작아야, 잘못

2 (1) < (2) < 3 3, 2, 1

2 (1) 325×30=9750, 256×40=10240
➡ 9750<10240
(2) 438×52=22776, 741×34=25194
➡ 22776<25194

3

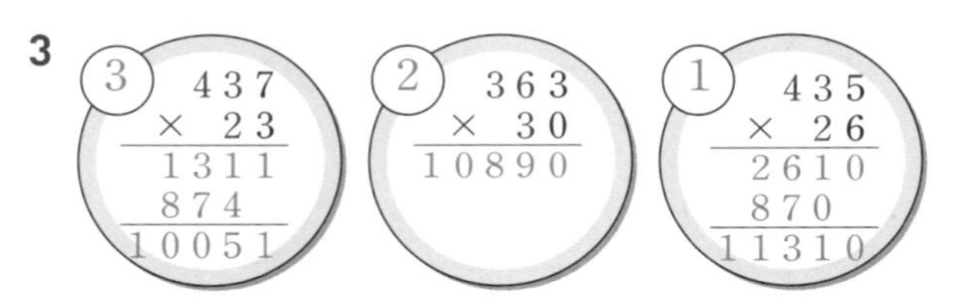

③ 437×23: 1311, 874, 10051

② 363×30: 10890

① 435×26: 2610, 870, 11310

Jump② 핵심응용하기 53쪽

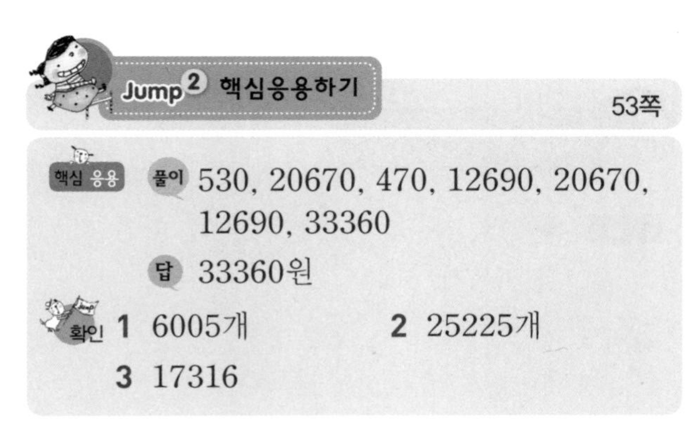

핵심 응용 풀이 530, 20670, 470, 12690, 20670, 12690, 33360

답 33360원

확인 1 6005개 2 25225개

3 17316

1 (68상자에 들어 있는 지우개의 수)
=120×68=8160(개)
따라서 남아 있는 지우개는
8160−2155=6005(개)입니다.

2 • (25일 동안 만든 장난감 비행기의 수)
=216×25=5400(개)

• (25일 동안 만든 장난감 자동차의 수)
$=793\times25=19825$(개)
따라서 25일 동안 만든 장난감 비행기와 장난감 자동차는 모두 $5400+19825=25225$(개)입니다.

3 어떤 수를 □라 하면
$□+74=308$ ➡ $308-74=□$,
$□=234$입니다.
따라서 바르게 계산한 값은
$234\times74=17316$입니다.

Jump① 핵심알기 54쪽

1 (1) 6, 10 (2) 87 **2** 2, 3, 1
3 69 **4** 4자루, 16자루

2
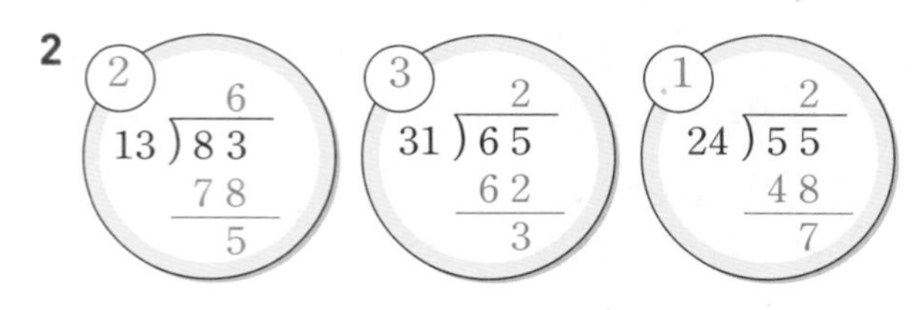

3 나머지는 나누는 수인 70보다 항상 작아야 하므로 나머지 중에서 가장 큰 수는 69입니다.

4 $96\div20=4\cdots16$
따라서 한 사람에게 4자루씩 나누어 줄 수 있고 남는 연필은 16자루입니다.

Jump② 핵심응용하기 55쪽

핵심 응용 풀이 18, 18, 4, 72, 72, 72, 6, 6, 6, 6
답 6봉지, 6개

확인 **1** 한솔, 3일 **2** 24일
3 몫: 3, 나머지: 8

1 문제집을 다 풀려면 한솔이는 $80\div16=5$(일) 걸리고 상연이는 $96\div12=8$(일) 걸립니다.
따라서 한솔이가 $8-5=3$(일) 먼저 문제집을 모두 풀게 됩니다.

2 (18명이 40일 동안 한 일)
=(30명이 □일 동안 한 일)
18명이 40일 동안 일한 전체 일의 양은
$18\times40=720$입니다.
따라서 이 일을 30명이 하면 $720\div30=24$(일) 동안 하여 끝낼 수 있습니다.

3 어떤 수를 □라고 하면 $□\div21=3\cdots17$
➡ $21\times3+17=□$, $□=80$입니다.
따라서 바르게 계산하면 $80\div24=3\cdots8$이므로 몫은 3, 나머지는 8입니다.

Jump① 핵심알기 56쪽

1 ㉡, ㉢, ㉠ **2** 6개
3 401 **4** 오후 9시 55분

1 ㉠ $357\div13=27\cdots6$
㉡ $219\div28=7\cdots23$
㉢ $246\div17=14\cdots8$

2 3□5는 $60\times5=300$보다 크거나 같고
$60\times6=360$보다 작아야 합니다.
따라서 □ 안에 들어갈 수 있는 숫자는
0, 1, 2, 3, 4, 5이므로 모두 6개입니다.

3 어떤 수를 □라 하면 $□\div15=26\cdots11$
➡ $15\times26+11=□$, $□=401$입니다.

4 $475\div60=7\cdots55$
따라서 오후 2시에서 475분 후의 시각은 7시간 55분 후인 오후 9시 55분입니다.

Jump② 핵심응용하기 57쪽

핵심 응용 풀이 42, 21, 21, 36
답 36개

확인 **1** 35그루
2 9, 6, 5, 2, 3, 41, 22
3 6명

1 $442\div13=34$이므로 나무는 모두
$34+1=35$(그루) 필요합니다.

2 몫이 가장 크려면
(가장 큰 세 자리 수)÷(가장 작은 두 자리 수)이어야 합니다.
따라서 965÷23=41…22입니다.

3 1회에서 짝을 지은 학생 수는
187÷13=14…5로 13×14=182(명)입니다.
2회에서 짝을 짓지 못한 학생 수는
182÷22=8…6으로 6명입니다.

Jump ③ 왕문제 58~63쪽

1	3492000원	**2**	18초
3	사과: 900원, 귤: 200원		
4	20250 mL	**5**	16개
6	(위에서부터 차례로) 9, 4, 3, 5, 1, 8, 1, 9		
7	3	**8**	180 g
9	45	**10**	575
11	8500원		
12	(위에서부터 차례로) 1, 2, 8, 2, 8, 2, 8		
13	762×93=70866, 70866		
14	489	**15**	3, 51
16	7명	**17**	48
18	182 m 45 cm		

1 1년은 12개월이므로 보육원에 보낸 연필은
50×12×12=7200(자루)입니다.
따라서 1년 동안 보육원에 보낸 연필의 값은
485×7200=3492000(원)입니다.

2 기차가 터널을 완전히 통과하려면
362+70=432(m)를 가야 합니다.
➡ 432÷24=18(초)

3 사과 3개와 귤 2개의 값이 3100원이므로 사과 6개와 귤 4개의 값은 3100×2=6200(원)입니다.

(사과 6개의 값)+(귤 17개의 값)=8800원
−) (사과 6개의 값)+(귤 4개의 값)=6200원
(귤 13개의 값)=2600원

따라서 귤 1개의 값은 2600÷13=200(원)이므로 사과 3개의 값은 3100−400=2700(원)이고 사과 1개의 값은 2700÷3=900(원)입니다.

4 우유 1팩은 250 mL이고 하루에 3팩씩 배달되므로 하루에 배달되어 오는 우유의 양은
250×3=750(mL)입니다.
7월은 31일까지 있고 그중에서 일요일은 4일, 11일, 18일, 25일이므로 7월 중 우유가 배달되어 오는 날은 31−4=27(일)입니다.
따라서 7월 한 달 동안 배달되어 온 우유의 양은
750×27=20250(mL)입니다.

5 24개들이 17상자에 담은 사과는
24×17=408(개)이므로 남는 사과는
824−408=416(개)입니다.
따라서 남는 사과를 남김없이 모두 담으려면 26개들이 상자는 416÷26=16(개) 필요합니다.

6
```
        3  7 [9]㉠
  ×   ㉡[4]  8
  ----------------
     ㉣3 ㉤0 [3]  2
   1 [5] [1]  6 ㉢
  ----------------
   1 [8] [1] [9]  2
     ㉥  ㉦  ㉧
```

㉠×8의 일의 자리 숫자가 2이므로 ㉠=4 또는 9입니다.
㉠=4일 때 374×8=2992(×),
㉠=9일 때 379×8=3032(◯)이므로
㉠=9, ㉢=3입니다.
9×㉡의 일의 자리 숫자가 6이므로 ㉡=4입니다.
379×4=1516이므로 ㉣=5, ㉤=1입니다.
3032+15160=18192에서 ㉥=8, ㉦=1, ㉧=9입니다.

7 3을 1번씩 더 곱할 때마다 곱의 일의 자리 숫자는 3, 9, 7, 1, 3, ...으로 3, 9, 7, 1이 반복됩니다.
325÷4=81…1이므로 3을 325번 곱했을 때 일의 자리 숫자는 1번 곱했을 때와 같은 3입니다.

8
- (빵 50개의 무게)+(상자의 무게)=10 kg
- (빵 50개의 무게)−(상자의 무게)=8 kg
- (빵 50개의 무게)=(10+8)÷2=9(kg)

따라서 빵 50개의 무게가 9 kg이므로 빵 1개의 무게는 9000÷50=180(g)입니다.

9 ㉠÷23=32…16이므로 ㉠을 구해 보면
23×32+16=㉠, ㉠=752입니다.
752를 ㉡으로 나누면 몫과 나머지가 바뀌어 몫이 16, 나머지가 32이므로 752÷㉡=16…32에서

㉡×16+32=752, ㉡×16=720,
㉡=720÷16=45입니다.

10 몫이 8이 될 수 있는 수 중에서 가장 큰 수는 몫이 8이고 나머지가 63일 때입니다.
□÷64=8…63 ➡ □=64×8+63=575

11 공책 1권과 지우개 1개의 가격 차는
1200−500=700(원)이므로
3500÷700=5이므로 공책을 5권, 지우개를 5개 각각 샀습니다.
따라서 공책 5권을 사는 데 쓴 돈은
1200×5=6000(원)이고 지우개 5개를 사는 데 쓴 돈은 500×5=2500(원)이므로
공책과 지우개를 사는 데 쓴 돈은 모두
6000+2500=8500(원)입니다.

12

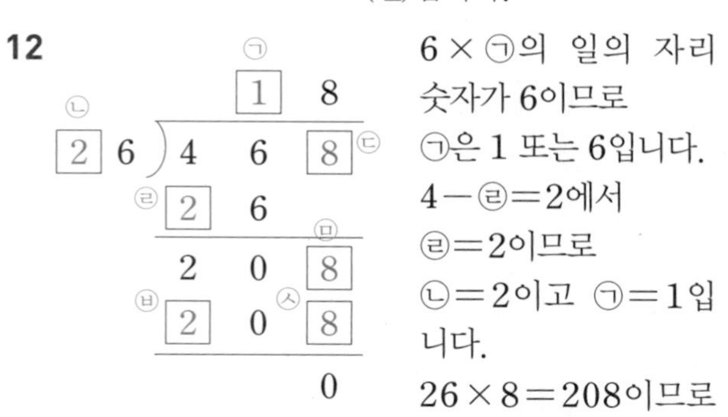

6×㉠의 일의 자리 숫자가 6이므로
㉠은 1 또는 6입니다.
4−㉣=2에서
㉣=2이므로
㉡=2이고 ㉠=1입니다.
26×8=208이므로
㉥=2, ㉦=8이고 나누어떨어지므로 ㉤=8,
㉢=8입니다.

13 먼저 곱이 가장 큰 (두 자리 수)×(두 자리 수)를 구해 봅니다. 큰 수인 9와 7을 뽑아 두 수의 십의 자리에 놓고 일의 자리에 다음 번으로 큰 수인 6과 3을 사용하여 두 수를 만들어 곱을 구해 보면
96×73=7008, 93×76=7068입니다.
따라서 곱이 가장 큰 (두 자리 수)×(두 자리 수)는 93×76입니다.
여기에 2를 어떤 두 자리 수의 뒤에 붙여서 세 자리 수로 만들면 곱이 가장 크게 되는지 알아봅니다.
932×76=70832, 93×762=70866이므로
곱이 가장 큰 (세 자리 수)×(두 자리 수)의 곱은
762×93=70866입니다.

14 35로 나누었을 때 가장 큰 나머지는 34입니다.
500÷35=14…10이므로
35×14+34=524이고, 35×13+34=489입니다.
따라서 524와 489 중에서 500에 더 가까운 수는 489입니다.

15 두 수의 곱이 153이 되는 경우는 다음과 같습니다.
1×153, 3×51, 9×17
이 중 큰 수를 작은 수로 나누어 몫이 17이 되는 경우는 3×51에서 51÷3=17이므로 두 수는 3, 51입니다.

16 학생 수를 □명이라 하면 다음 그림과 같이 나타낼 수 있습니다.

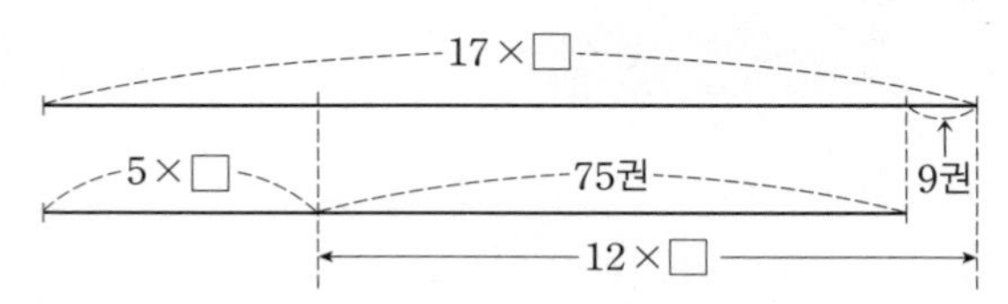

따라서 12×□=75+9=84이므로
□=84÷12=7입니다.

다른 풀이
과부족산을 이용하여 계산식을 세운 것도 같은 원리입니다.
(9+75)÷(17−5)=7(명)

17 ㉠÷8=㉡, ㉠=㉡×8 ➡ ㉡÷6=㉢,
㉡=㉢×6
㉠=(㉢×6)×8, ㉠=㉢×48 ➡ ㉠÷㉢=48

18 길이가 3 m 25 cm(=325 cm)인 테이프 57개를 겹치는 부분 없이 이어 긴 끈을 만들었을 때, 길이는 325×57=18525(cm)입니다.
풀칠하여 겹친 부분은 5 cm씩 56개이므로 겹친 부분의 길이는 5×56=280(cm)입니다.
따라서 풀칠하여 만든 긴 끈의 길이는
18525−280=18245(cm)로
182 m 45 cm입니다.

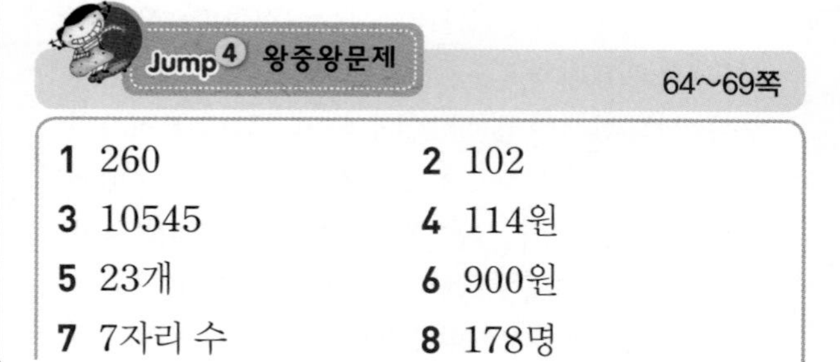

Jump4 왕중왕문제 64~69쪽

1 260	**2** 102
3 10545	**4** 114원
5 23개	**6** 900원
7 7자리 수	**8** 178명

9 21, 22, 23	**10** 48개
11 28가지	**12** 3367
13 11	**14** 7
15 42포기	**16** 83
17 50개	**18** 25120원

1 ㉮÷㉯=9에서 ㉮=㉯×9입니다.
㉮−㉯=208에서 ㉮ 대신 ㉯×9를 넣으면
㉯×9−㉯=208, ㉯×8=208,
㉯=208÷8=26입니다.
㉮÷26=9에서 ㉮=26×9=234이므로
㉮+㉯=234+26=260입니다.

2 30×30×30=27000이고,
40×40×40=64000이므로 연속하는 세 수는 30보다 크고 40보다 작습니다.
연속하는 세 수의 일의 자리 숫자의 곱이 0이므로 세 수의 일의 자리 숫자는 3, 4, 5 또는 4, 5, 6 또는 5, 6, 7 중에 하나입니다.
33×34×35=39270,
34×35×36=42840, 35×36×37=46620이므로 세 수는 33, 34, 35입니다.
따라서 조건을 만족하는 연속하는 세 수의 합은 33+34+35=102입니다.

3 700÷46=15…10에서 46×15=690이고 46×16=736이므로 주어진 나눗셈의 몫은 15입니다.
나머지는 13이므로 46×15+13=703에서 나누어지는 수는 703입니다.
➡ 703×15=10545

4 유승이네 가족이 먹은 아이스크림은 모두 25개이므로 다음과 같이 식을 세웁니다.
25=(7+1)+(7+1)+(7+1)+1
돈을 낸 아이스크림은 7+7+7+1=22(개), 무료로 받은 아이스크림은 3개입니다.
950×22=20900(원)이고
20900÷25=836(원)이 되어 아이스크림 하나를 836원에 사 먹은 셈입니다.
따라서 950−836=114(원)이므로 유승이네 가족은 아이스크림 하나당 114원을 할인받았습니다.

5 나머지는 나누는 수보다 작아야 하므로 1부터 26까지 가능합니다.
100÷27=3…19, 999÷27=37…0이므로 몫과 나머지가 같기 위해서는 몫이 4, 나머지가 4인 수부터 몫이 26, 나머지가 26인 수까지 모두 23개입니다.

6 {(300×750)+13500}÷(300−35)=900(원)

7 2를 20번 곱한 것은 1024를 2번 곱한 것과 같으므로 1024×1024=1048576입니다.
따라서 7자리 수입니다.

8 전체 학생 수는 최대
24×7+21=168+21=189(명)이고, 최소
21×7+24=147+24=171(명)입니다.
학생 수가 최소 171명일 때 12명씩 짝을 지으면
171÷12=14…3에서 3명이 남으므로
10명이 남으려면 7명이 더 있어야 하므로 4학년 학생 수는 171+7=178(명)입니다.
학생 수가 최대 189명일 때 189÷12=15…9에서 나머지가 10이 되는 수를 찾으려면 나머지 9를 빼고 12명의 묶음에서 2를 더 빼야 하므로
12×14+10=168+10=178(명)입니다.

9 60÷3=20, 68÷3=22…2이므로 20과 가까운 수임을 알 수 있습니다.
20+21+22=63, 21+22+23=66,
22+23+24=69이므로 구하려고 하는 세 수는 20, 21, 22 또는 21, 22, 23입니다.
따라서 20×21×22=9240,
21×22×23=10626이므로 구하려고 하는 세 자연수는 21, 22, 23입니다.

10 지연이네 반의 경우에서 생각할 수 있는 사탕 수는 216개, 240개, 264개, 288개, 312개, 336개, 360개, 384개입니다.
건우네 반의 경우에서 생각할 수 있는 사탕 수는 224개, 256개, 288개, 320개, 352개, 384개입니다.
지연이네 반과 건우네 반의 경우에서 생각할 수 있는 사탕 수는 288개, 384개인데
288÷72=4, 384÷72=5…24이므로 처음에 준비한 사탕 수는 384개이고 모두 똑같이 나누어 주려면 72−24=48(개)의 사탕이 더 필요합니다.

11 ㉡이 짝수이므로 세 자리 수를 ㉡으로 나누었을 때 나누어떨어지려면 세 자리 수 또한 짝수이어야 합니다.

ⓛ이 2일 때
$134 \div 2 = 67$, $314 \div 2 = 157$, $154 \div 2 = 77$,
$514 \div 2 = 257$, $354 \div 2 = 177$,
$534 \div 2 = 267$, $136 \div 2 = 68$,
$316 \div 2 = 158$, $156 \div 2 = 78$,
$516 \div 2 = 258$, $356 \div 2 = 178$,
$536 \div 2 = 268$ ➡ 12가지
ⓛ이 4일 때
$132 \div 4 = 33$, $312 \div 4 = 78$, $152 \div 4 = 38$,
$512 \div 4 = 128$, $352 \div 4 = 88$,
$532 \div 4 = 133$, $136 \div 4 = 34$, $316 \div 4 = 79$,
$156 \div 4 = 39$, $516 \div 4 = 129$, $356 \div 4 = 89$,
$536 \div 4 = 134$ ➡ 12가지
ⓛ이 6일 때
$132 \div 6 = 22$, $312 \div 6 = 52$, $354 \div 6 = 59$,
$534 \div 6 = 89$ ➡ 4가지
따라서 나누어떨어지는 경우는 모두
$12 + 12 + 4 = 28$(가지)입니다.

12 □$\times 3 =$ ◆●◆●◆● $\div$ ◆●이므로
□$\times 3 = 10101$이고 □$= 10101 \div 3 = 3367$
입니다.

13 ㉠$\times$㉠의 일의 자리 숫자가 4이므로 ㉠이 될 수 있는 수는 2 또는 8입니다.
㉠이 2일 때 2□ⓛ2$\times$2의 곱은 네 자리 수이므로 ㉠은 2가 아닙니다.
따라서 ㉠은 8이고, $8 \times$ⓛ의 곱의 일의 자리 숫자가 4가 되기 위해서는 ⓛ은 3 또는 8입니다.
그런데 ㉠과 ⓛ이 서로 다른 숫자이기 때문에 ⓛ은 3이 되고 ㉠$+$ⓛ$= 8 + 3 = 11$입니다.

14 □□□□□□$\div$□□□에서 밑줄 친 □□□에 나누는 수 □□□가 1번 들어가고 십의 자리, 일의 자리의 □□에는 들어가지 않으므로 몫은 100이고 나머지는 □□입니다.
➡ □□□□□□$\div$□□□$= 100 \cdots$ □□
따라서 나머지 □□는 77이므로 □$= 7$입니다.

15 • (판 배추 1포기의 가격)
$= (375000 \div 500) + 150 = 900$(원)
• (배추를 판 금액)
$= 375000 + 37200 = 412200$(원)
• (판 배추의 수)$= 412200 \div 900 = 458$(포기)
• (썩어서 버린 배추의 수)$= 500 - 458$
$= 42$(포기)

16 3장이 떨어져 나가면 펼쳐진 쪽의 수는 7차이가 납니다.
$30 \times 37 = 1110$, $40 \times 47 = 1880$이므로
3□$\times$4□$= 1710$입니다.
따라서 일의 자리끼리 곱하여 0이 나오면서 두 수의 차가 7이 되는 곱은 $38 \times 45 = 1710$입니다.
그러므로 두 쪽수의 합은 $38 + 45 = 83$입니다.

17 $4 \times 25 = 100$, $4 \times 250 = 1000$이므로 어떤 수는 25와 같거나 크고 250보다 작습니다.
또, $5 \times 200 = 1000$, $5 \times 2000 = 10000$이므로 어떤 수는 200과 같거나 크고 2000보다는 작습니다.
두 가지 조건을 모두 포함하는 어떤 수는 200부터 249까지이므로 모두 50개입니다.

18 936개를 깨지 않고 모두 운반했다면
$936 \times 30 = 28080$(원)의 수고비를 받습니다.
그러나 37개를 깼으므로 깨진 유리병에 대해서는 수고비를 받지도 못할 뿐만 아니라 50원씩 변상해야 하므로 실제로 받을 수고비는
$28080 - 37 \times (30 + 50) = 25120$(원)입니다.

Jump 5 영재교육원 입시대비문제 70쪽

1 84	2 보라색

1 연속하는 세 수의 일의 자리 숫자의 곱이 4이므로 세 수의 일의 자리 숫자는 2, 3, 4 또는 7, 8, 9입니다.
$20 \times 20 \times 20 = 8000$, $30 \times 30 \times 30 = 27000$,
$28 \times 29 \times 30 = 24360$이므로 연속하는 세 수의 십의 자리 숫자는 2입니다.
따라서 $22 \times 23 \times 24 = 12144$,
$27 \times 28 \times 29 = 21924$에서 연속하는 세 수는 27, 28, 29이므로 세 수의 합은
$27 + 28 + 29 = 84$입니다.

2 $2010 \div 12 = 167 \cdots 6$이므로 12로 나누었을 때 나머지가 6인 구슬이 들어가는 보라색 상자에 담아야 합니다.

4 평면도형의 이동

72쪽

1 (1) 왼, 9 (2) 아래, 4, 왼, 3
2 한솔

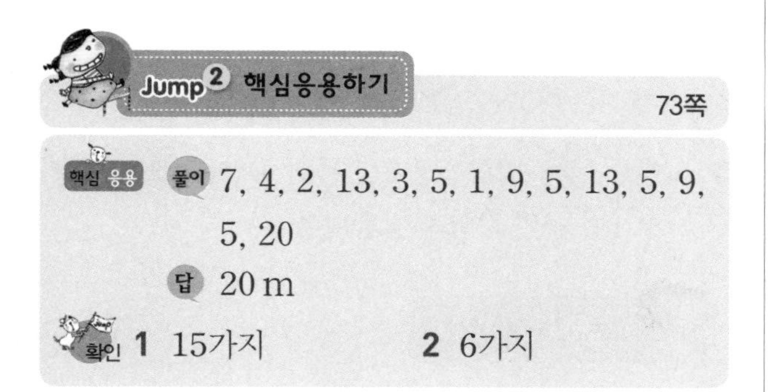

Jump 2 핵심응용하기
73쪽
핵심 응용
풀이 7, 4, 2, 13, 3, 5, 1, 9, 5, 13, 5, 9, 5, 20
답 20 m
확인 1 15가지
2 6가지

1 ①의 길을 지나는 방법은 5가지,
②의 길을 지나는 방법은 4가지,
③의 길을 지나는 방법은 3가지,
④의 길을 지나는 방법은 2가지,
⑤의 길을 지나는 방법은 1가지
➡ $5+4+3+2+1=15$(가지)

2 각각의 길에 ①부터 ⑩까지의 번호를 붙여보면
④—①—⑤—⑨—⑩, ④—①—②—⑥—⑩,
④—①—②—③—⑦, ⑧—⑤—②—⑥—⑩,
⑧—⑤—②—③—⑦, ⑧—⑨—⑥—③—⑦
따라서 모두 6가지입니다.

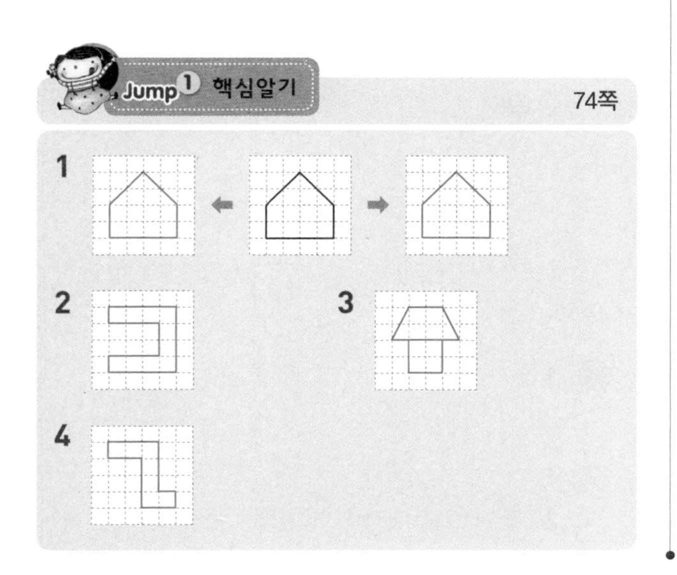

4 오른쪽 도형을 왼쪽 또는 오른쪽으로 밀면 처음 도형이 됩니다.

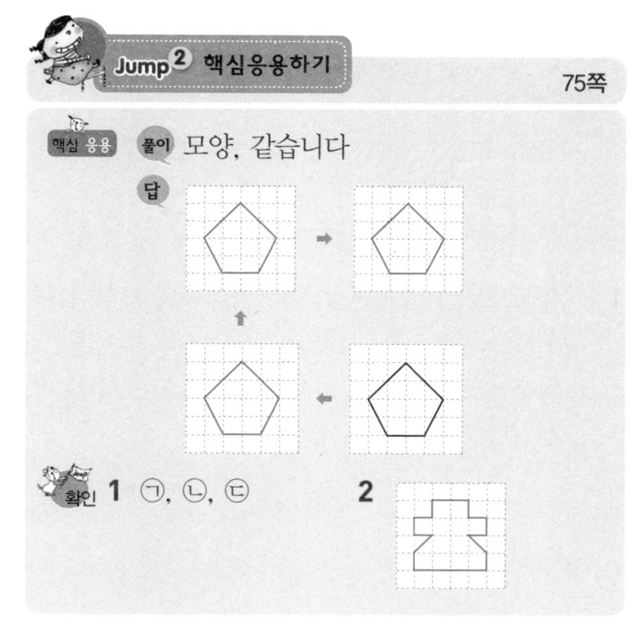

Jump 2 핵심응용하기
75쪽
핵심 응용
풀이 모양, 같습니다
답
확인 1 ㉠, ㉡, ㉢
2

1 도형을 어느 방향으로 밀어도 항상 처음 도형과 모양은 같습니다.

2 도형을 어느 방향으로 여러 번 밀어도 모양은 변하지 않습니다.

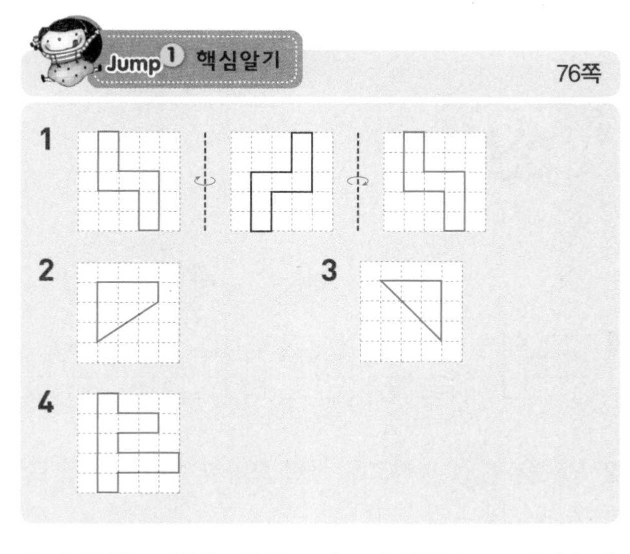

4 오른쪽 도형을 왼쪽 또는 오른쪽으로 뒤집으면 처음 도형이 됩니다.

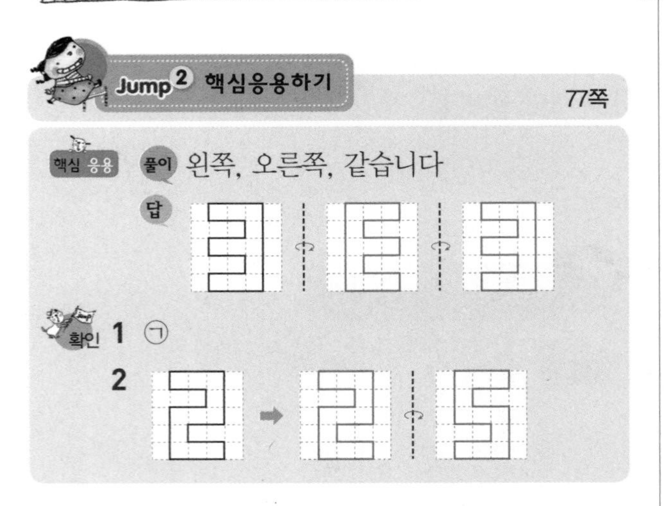

Jump 2 핵심응용하기
77쪽
핵심 응용
풀이 왼쪽, 오른쪽, 같습니다
답
확인 1 ㉠
2

1 ㉡ 위쪽으로 뒤집으면 위쪽과 아래쪽의 모양이 바뀝니다.

㉢ 왼쪽으로 뒤집으면 왼쪽과 오른쪽의 모양이 바뀝니다.

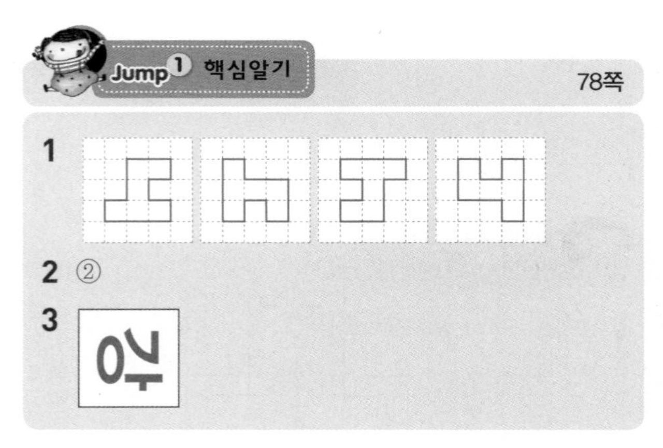

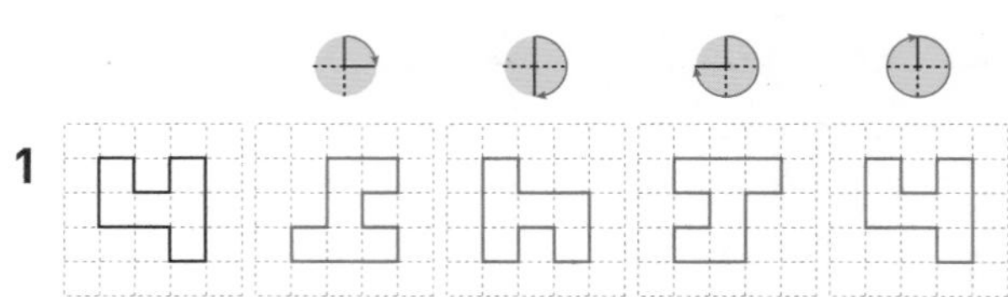

2 도형을 (그림) 방향으로 돌린 모양과 (그림) 방향으로 돌린 모양은 같습니다.

3 도형을 (그림) 방향으로 돌린 모양과 (그림) 방향으로 돌린 모양은 같습니다.

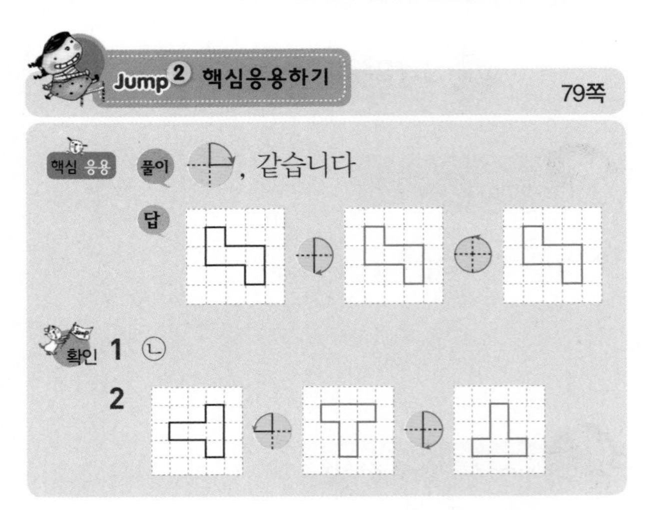

1 도형을 (그림) 방향으로 2번 돌린 모양은 (그림) 방향으로 1번 돌린 모양과 같습니다.

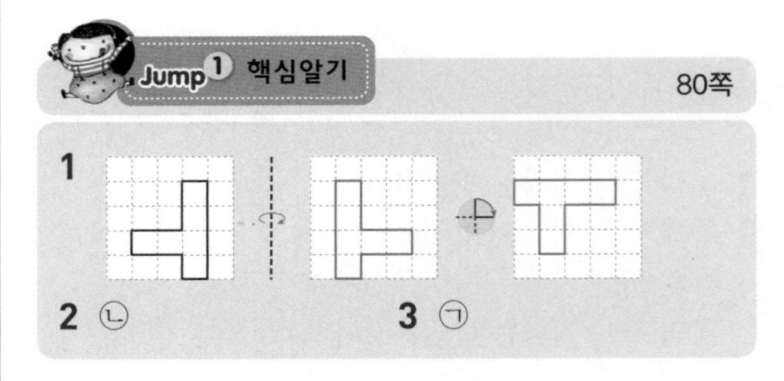

2 보기의 도형을 아래쪽으로 뒤집으면 ㉤이 되고 이것을 (그림) 방향으로 돌리면 ㉡이 됩니다.

3 보기의 도형을 (그림) 방향으로 돌리면 ㉣이 되고 이것을 아래쪽으로 뒤집으면 ㉠이 됩니다.

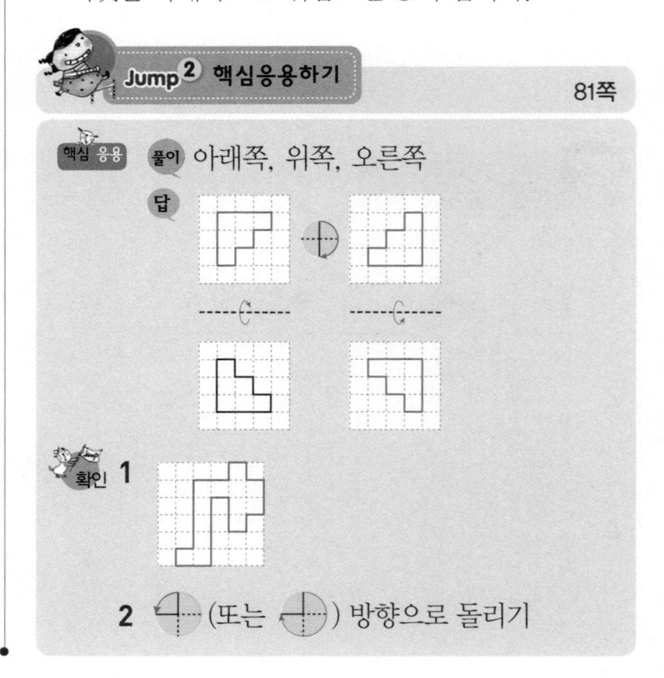

1 도형을 왼쪽으로 2번 뒤집은 모양은 처음 도형과 같고 도형을 (시계 방향 표시) 방향으로 3번 돌린 모양은 (또는) 방향으로 1번 돌린 모양과 같습니다.

Jump ③ 왕문제 82~87쪽

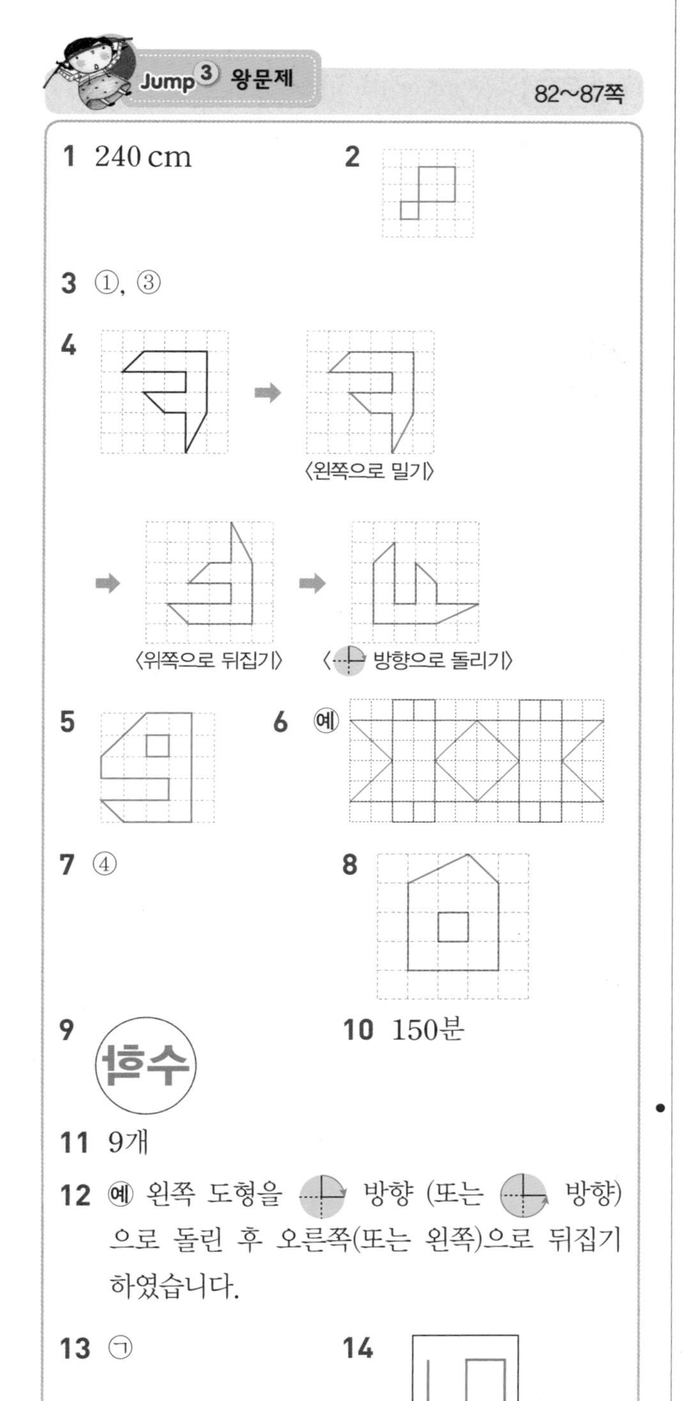

1 240 cm
2
3 ①, ③
4
〈왼쪽으로 밀기〉
〈위쪽으로 뒤집기〉
〈 방향으로 돌리기〉
5
6 예
7 ④
8
9
10 150분
11 9개
12 예 왼쪽 도형을 방향 (또는 방향)으로 돌린 후 오른쪽(또는 왼쪽)으로 뒤집기 하였습니다.
13 ㉠
14
15 5시 26분
16 ④

1 달팽이가 이동한 칸 수는
$1+1+2+2+3+3+4+4+5+5+6+6+6$
$=48$(칸)이므로 달팽이가 이동한 거리는
$48\times5=240$(cm)입니다.

2 오른쪽으로 뒤집기 → 아래쪽으로 뒤집기

3 ①, ③ ② ④

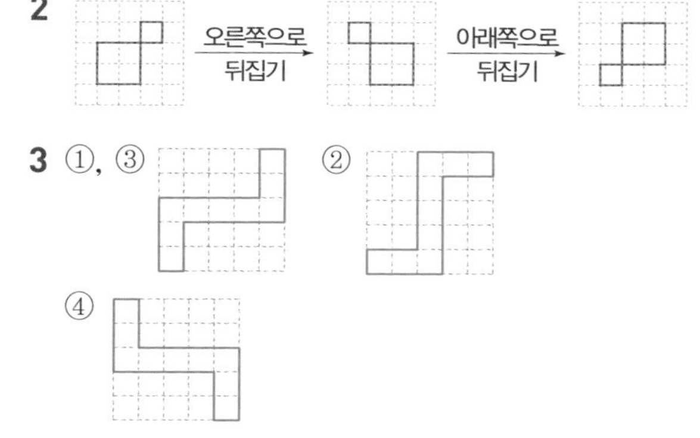

4

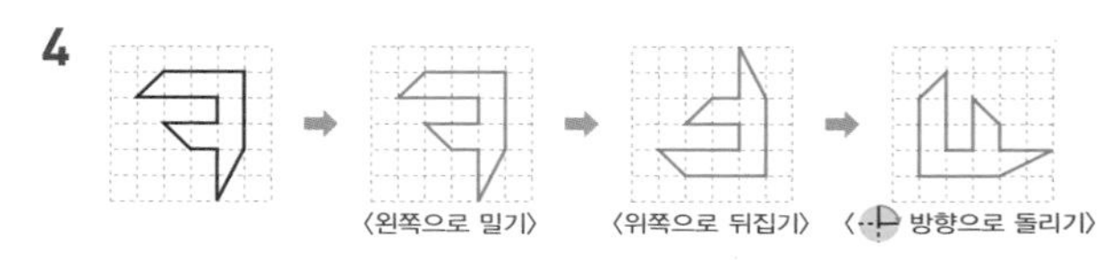

도형을 어느 방향으로 밀어도 모양은 변하지 않습니다.
도형을 위쪽으로 뒤집으면 도형의 위쪽 부분은 아래쪽으로, 아래쪽은 위쪽으로 바뀝니다.
도형을 방향으로 돌리면 도형의 위쪽이 오른쪽으로 바뀝니다.

5 거꾸로 생각합니다. 오른쪽 도형을 위쪽으로 뒤집은 후 방향으로 돌리면 처음 도형이 됩니다.

7 ④의 설명은 처음 도형과 같아지는 설명입니다.

8 거꾸로 생각하면, 보기의 도형을 왼쪽으로 180°만큼 돌리고 아래쪽으로 한 번 뒤집은 도형입니다.

9 도장을 찍으면 왼쪽과 오른쪽이 서로 바뀌므로 도장 찍기는 왼쪽 또는 오른쪽으로 뒤집기의 원리를 이용한 것입니다.

10 디지털 시계를 왼쪽으로 뒤집었을 때 나오는 시각은 05:21이고, 시계 방향으로 180°만큼 돌렸을 때 나오는 시각은 02:51입니다.
따라서 두 시각의 차는
5시 21분−2시 51분=2시간 30분=150분입니다.

11 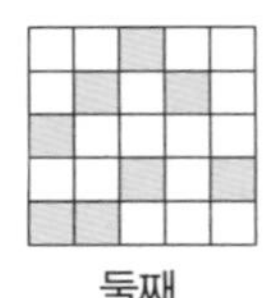 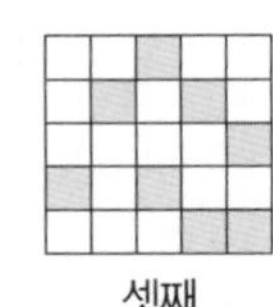

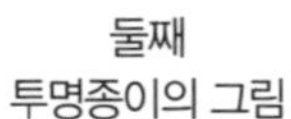

둘째 투명종이의 그림 / 셋째 투명종이의 그림

따라서 3개의 투명종이를 모두 겹쳤을 때의 그림은 다음과 같습니다.

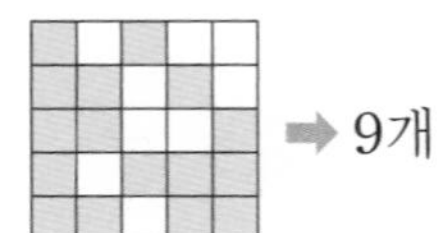

➡ 9개

12 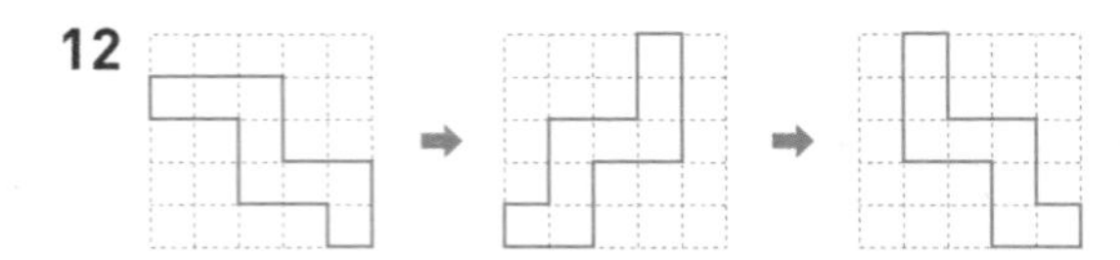

㉮ 왼쪽 도형을 방향 (또는 방향)으로 돌린 후 오른쪽 (또는 왼쪽)으로 뒤집기 하였습니다.

13 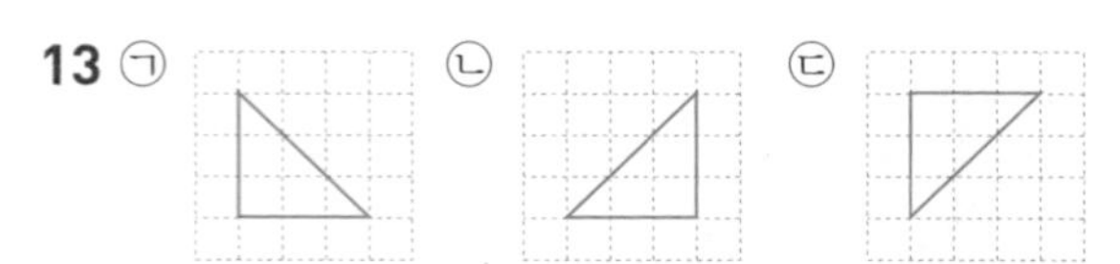

14 도형을 방향으로 3번 돌린 것은 방향으로 3번 돌린 것과 같습니다. 또, 도형을 방향으로 3번 돌린 것은 방향으로 1번 돌린 것과 같고, 방향으로 돌린 것은 방향으로 돌린 것과 같습니다. 즉, 방향으로 돌린 모양인 ㄴㄱ 이 됩니다. 또한, 아래쪽으로 2번 뒤집은 모양은 처음 도형과 같습니다.

15 아래쪽에서 거울에 비춰 본 것은 아래쪽으로 뒤집기 한 것과 같으므로 위쪽으로 뒤집기 하면 지금 시각을 알 수 있습니다.

02:52 ➡ 05:26으로 지금 시각은 5시 26분입니다.

16 왼쪽으로 270°만큼 돌리는 것은 오른쪽으로 90°만큼 돌리는 것과 같으므로 12번을 돌리면 처음 도형이 됩니다. 따라서 처음 도형을 오른쪽으로 270°만큼 돌린 도형이 됩니다.

18 오른쪽 도형을 아래쪽으로 4번 밀기를 한 다음, 방향으로 13번 돌린 모양은 방향으로 1번($13=4+4+4+1$) 돌린 모양과 같습니다. 따라서 방향으로 1번 돌린 모양은 방향으로 3번 돌린 모양과 같습니다.

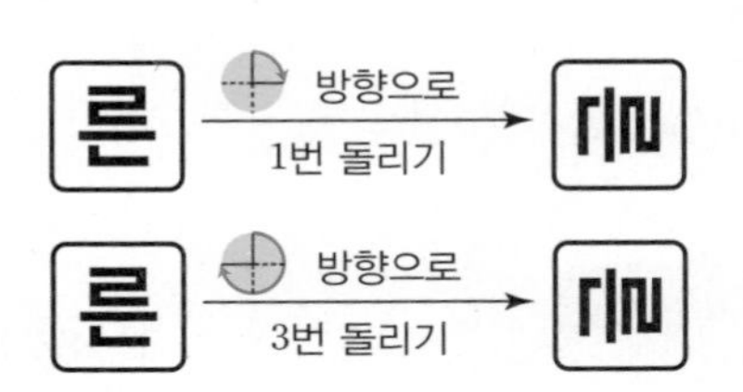

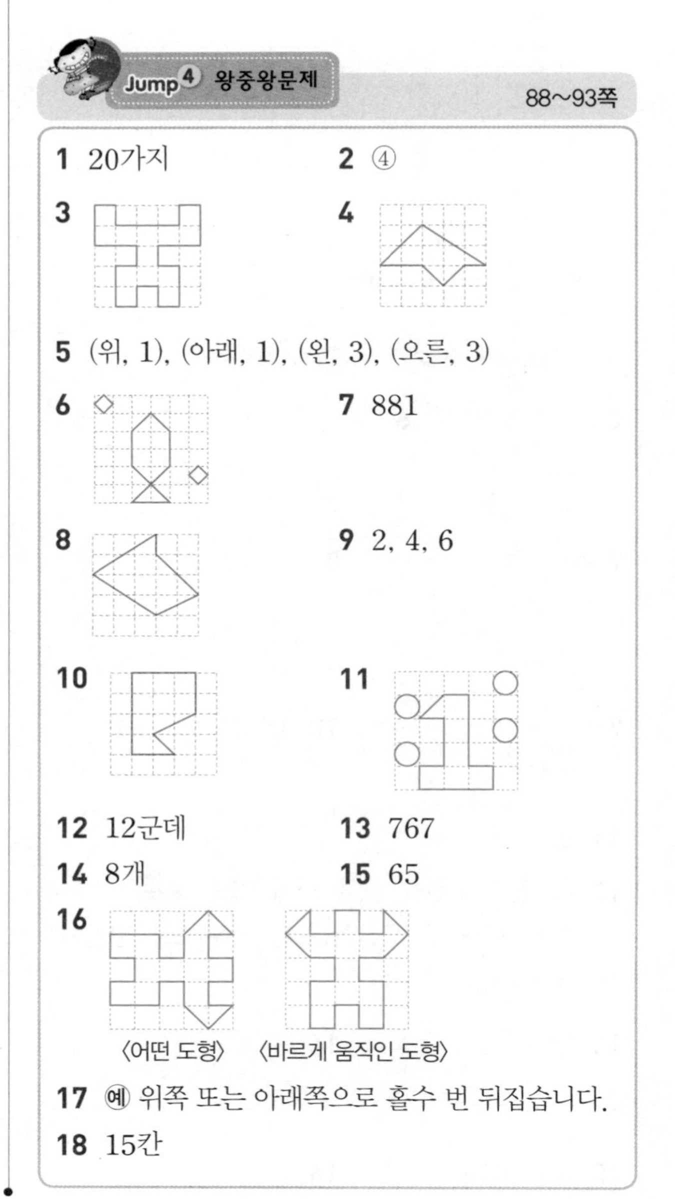

Jump 4 왕중왕문제 88~93쪽

1 20가지
2 ④
3
4
5 (위, 1), (아래, 1), (왼, 3), (오른, 3)
6
7 881
8
9 2, 4, 6
10
11
12 12군데
13 767
14 8개
15 65
16 〈어떤 도형〉 〈바르게 움직인 도형〉
17 ㉮ 위쪽 또는 아래쪽으로 홀수 번 뒤집습니다.
18 15칸

1 처음에 ①의 방향으로 출발하여 가는 방법은 10가지이고 ②의 방향으로 출발하여 가는 방법도 10가지입니다.
따라서 ㉮지점에서 ㉯지점까지 가는 방법은 모두 $10+10=20$(가지)입니다.

2 왼쪽으로 2번, 위쪽으로 3번, 아래쪽으로 5번 뒤집으면 처음 도형과 같습니다. □만큼 2번 돌려 처음 도형과 같아지려면 □ 안에는 이 알맞습니다.

3 왼쪽으로 270°만큼 돌리는 것은 오른쪽으로 90°만큼 돌리는 것과 같고 90°만큼 4번 돌리면 처음 도형이 됩니다. 또, 오른쪽으로 90°만큼 12번 돌리면 $12\div4=3$이므로 처음 도형이 됩니다.
따라서 주어진 도형을 오른쪽으로 뒤집고 오른쪽으로 180°만큼 돌린 모양을 그립니다.

4 거꾸로 생각하여 어떤 도형을 찾으면 왼쪽 도형과 같습니다. 따라서 어떤 도형을 아래쪽으로 1번 뒤집은 뒤 오른쪽으로 270°만큼 돌립니다.

5 • 왼쪽 또는 오른쪽으로 뒤집기 → 오른쪽으로 270°만큼 3번 돌리기 → 위쪽으로 뒤집기
• 위쪽 또는 아래쪽으로 뒤집기 → 오른쪽으로 270°만큼 1번 돌리기 → 위쪽으로 뒤집기
따라서 위쪽이나 아래쪽으로 뒤집을 때 가장 작은 돌리기 횟수는 1번이고 왼쪽이나 오른쪽으로 뒤집을 때 가장 작은 돌리기 횟수는 3번입니다.

6 왼쪽(오른쪽)으로 1번 뒤집고 위쪽(아래쪽)으로 1번 뒤집은 후 방향으로 1번 돌린 모양과 같습니다.

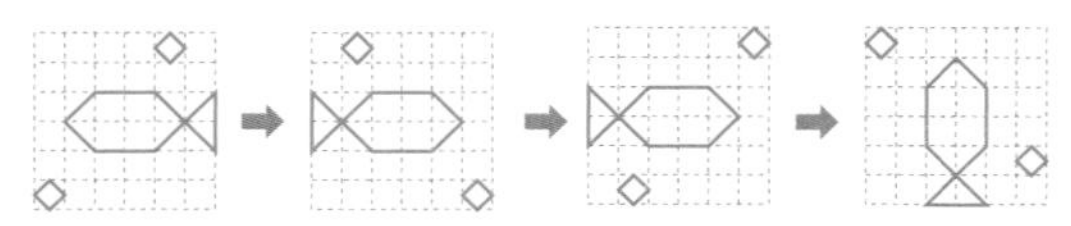

7 카드를 한 번씩만 사용하여 만들 수 있는 가장 큰 수는 821입니다. 821을 오른쪽으로 뒤집기 한 수인 ㉠은 158, 821을 아래쪽으로 뒤집기 한 수인 ㉡은 851, 821을 시계 방향으로 180°만큼 돌리기 한 수인 ㉢은 128입니다.
따라서 ㉠+㉡−㉢$=158+851-128=881$입니다.

8 위쪽으로 37번 뒤집은 것은 위쪽으로 1번 뒤집은 것과 모양이 같고, 그것을 오른쪽으로 50번 뒤집은 것은 뒤집지 않은 것과 모양이 같습니다. 오른쪽으로 90°만큼 63번 돌린 것은 오른쪽으로 270°만큼 돌린 것과 모양이 같습니다.
따라서 왼쪽 도형은 오른쪽 도형을 왼쪽으로 270°만큼 돌리고 아래쪽으로 1번 뒤집은 것과 모양이 같습니다.

9 아래쪽으로 23번 뒤집은 것은 1번 뒤집은 것과 같습니다. 오른쪽 도형은 왼쪽 도형을 아래쪽으로 1번 뒤집고 만큼 2번 돌린 것과 모양이 같으므로 □ 안에 들어갈 수는 짝수이어야 합니다.
따라서 2, 4, 6입니다.

10 오른쪽으로 1번 뒤집고 오른쪽으로 270°만큼 2번 돌린 후 위쪽으로 1번 뒤집은 도형이므로 오른쪽으로 1번 뒤집고 오른쪽으로 180°만큼 돌린 후 위쪽으로 1번 뒤집은 모양입니다.
따라서 처음 도형과 같은 모양이 됩니다.

11

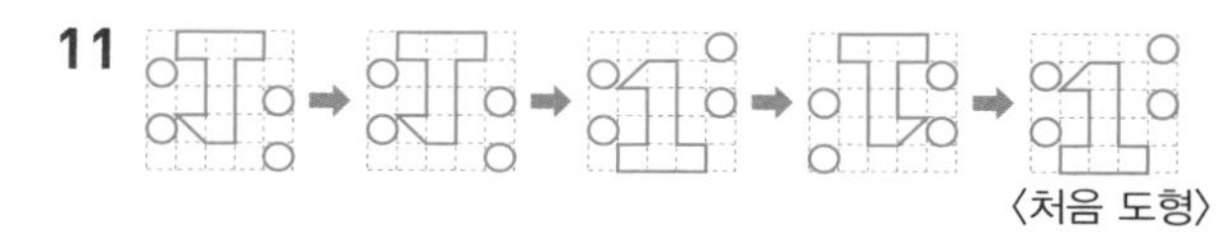

<처음 도형>

거꾸로 생각합니다. 오른쪽 도형을 위쪽으로 밀고 아래쪽으로 뒤집은 후 방향으로 13번 돌린 다음, 다시 방향으로 10번 돌리면 처음 도형이 완성됩니다.

12

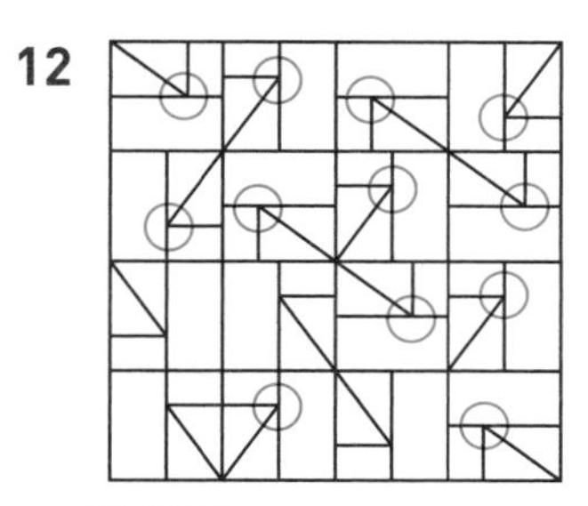

모양을 돌려서 만들 수 있는 모양은 , , , 이므로 이 모양들을 모두 찾으면 12군데입니다.

13 모양을 같은 방향으로 짝수 번을 뒤집으면 처음 모양과 같습니다.
왼쪽 그림에서 ⬇, ⬅, ➡의 개수는 짝수 개이고,

⬆의 개수는 홀수 개이므로 ⬆만 생각하면 됩니다.

⬆을 시계 방향으로 90° 돌린 후 왼쪽으로 한번 뒤집으면 ⬅이 됩니다.

따라서 281+582를 왼쪽으로 뒤집으면 582+185이므로 덧셈식의 결과는 767입니다.

14 모양을 돌리기 하여 만들 수 있는 모양은 입니다.

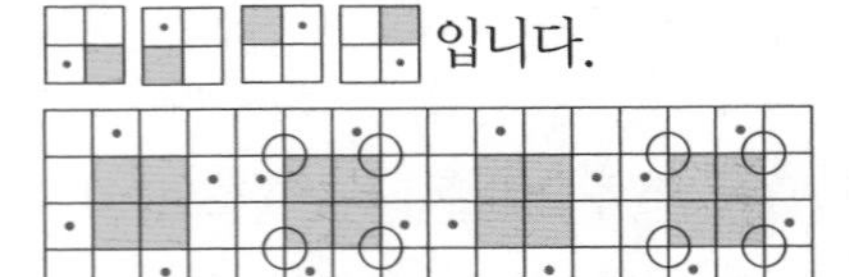

○ 한 곳이 돌리기를 이용하여 만든 모양입니다.

15 왼쪽으로 5번 뒤집은 모양은 왼쪽으로 1번 뒤집은 모양과 같으므로 오른쪽 모양과 같습니다.

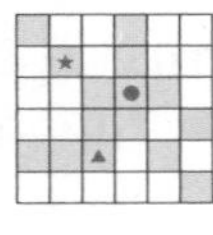

이어서 시계 반대 방향으로 270°만큼 돌리면 오른쪽과 같은 모양이 나옵니다.

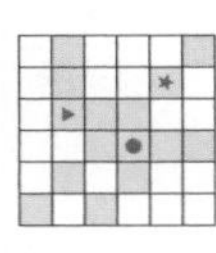

이어서 위로 3번 뒤집은 모양은 위로 1번 뒤집은 모양과 같으므로 오른쪽과 같은 모양이 나옵니다.

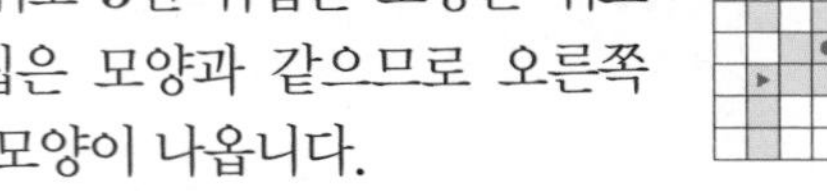

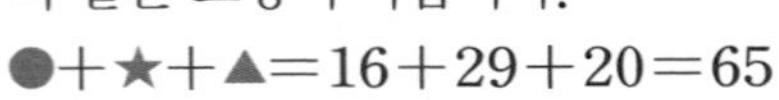

●+★+▲=16+29+20=65

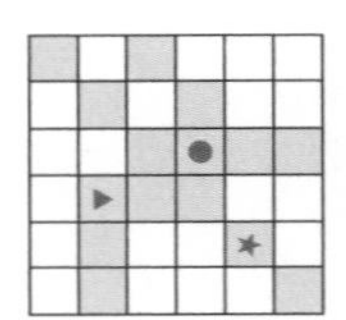

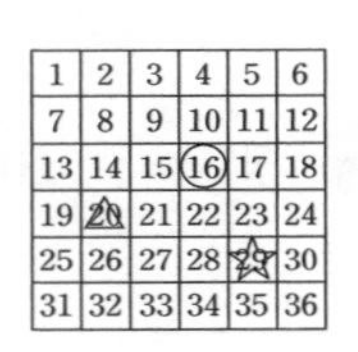

16

〈잘못 움직인 도형〉 〈어떤 도형〉 〈바르게 움직인 도형〉

잘못 움직인 도형을 방향으로 돌린 후 왼쪽으로 뒤집으면 어떤 도형이 됩니다. 또, 어떤 도형을 왼쪽으로 뒤집은 후 방향으로 돌리면 바르게 움직인 도형이 완성됩니다.

17

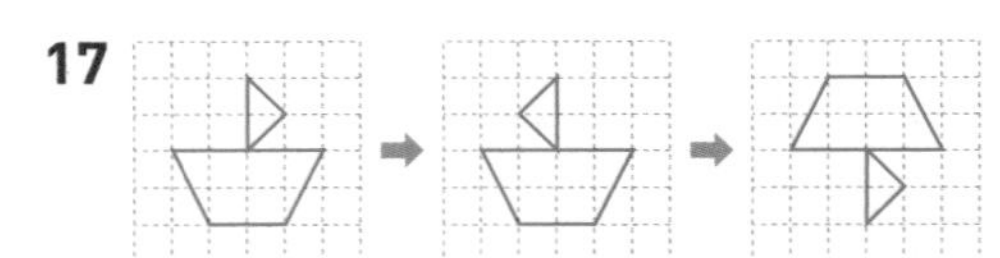

오른쪽에 거울을 놓아 비친 모양은 도형을 오른쪽으로 뒤집은 모양과 같습니다. 즉, 도형을 오른쪽으로 뒤집은 다음 그 모양을 방향으로 돌립니다.

따라서 오른쪽 도형을 처음 도형과 같도록 만들려면 위쪽 또는 아래쪽으로 홀수 번 뒤집어야 합니다.

18

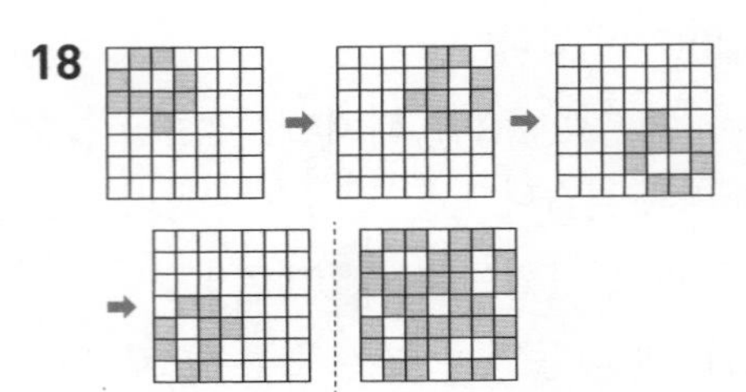

색칠되지 않은 칸은 17칸이고 색칠된 칸은 32칸이므로 색칠된 칸의 수와 색칠되지 않은 칸의 수의 차는 32－17＝15(칸)입니다.

Jump 5 영재교육원 입시대비문제 94쪽

1

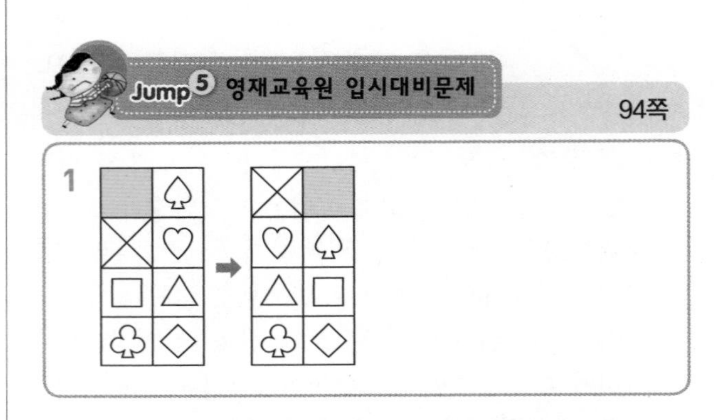

각각의 무늬가 어떤 규칙으로 움직였는지 알아봅니다.

- 위의 4칸의 무늬는 모든 무늬가 시계 방향으로 1칸씩 움직이는 규칙이 있습니다.
- 아래의 4칸의 무늬는 □ 무늬가 시계 방향으로 1칸씩 이동하면서 다른 무늬와 자리 바꿈하는 규칙이 있습니다.

5 막대그래프

Jump① 핵심알기 96쪽

1 가로: 반, 세로: 학생 수

2 18명 **3** 4반, 5반

4 2반, 1반

2 세로 눈금 한 칸은 $10 \div 5 = 2$(명)을 나타내고 3반은 9칸이므로 $2 \times 9 = 18$(명)입니다.

3 막대의 길이가 같은 반을 찾으면 4반과 5반입니다.

4 막대의 길이가 가장 긴 반은 2반이고 가장 짧은 반은 1반입니다.
따라서 학생 수가 가장 많은 반은 2반이고 가장 적은 반은 1반입니다.

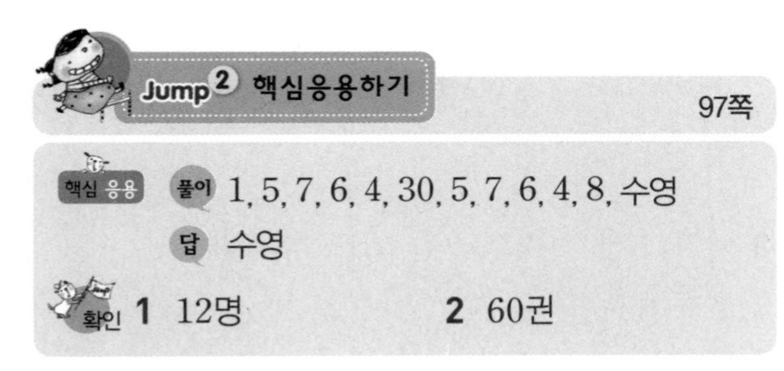

Jump② 핵심응용하기 97쪽

핵심 응용 풀이 1, 5, 7, 6, 4, 30, 5, 7, 6, 4, 8, 수영
답 수영

확인 **1** 12명 **2** 60권

1 세로 눈금 한 칸은 2명을 나타냅니다.
A형은 14명, B형은 8명, AB형은 4명이고 전체 학생이 38명이므로 O형은
$38-14-8-4=12$(명)입니다.

2 가로 눈금 한 칸은 5권을 나타냅니다.
학습 도서는 30권, 과학 도서는 25권, 동화책은 20권, 만화책은 15권이고 전체 책이 135권이므로 위인전은 $135-30-25-20-15=45$(권)입니다.
따라서 가장 많은 책은 위인전이고, 가장 적은 책은 만화책이므로 합은 $45+15=60$(권)입니다.

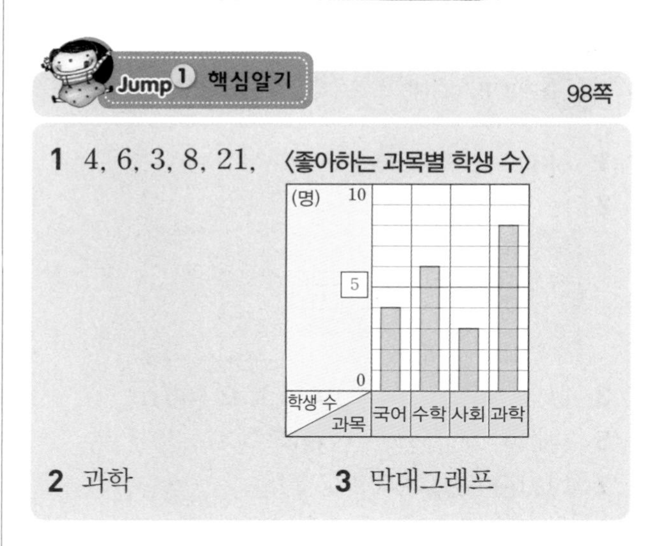

Jump① 핵심알기 98쪽

1 4, 6, 3, 8, 21,

2 과학 **3** 막대그래프

1

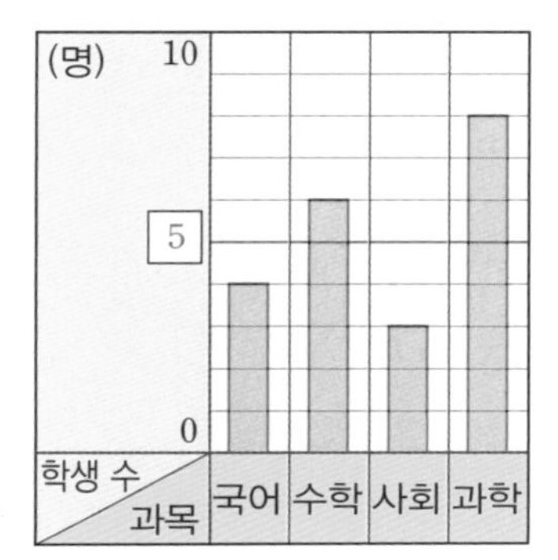

2 막대그래프에서 가장 긴 막대가 가장 많은 학생 수를 나타냅니다.

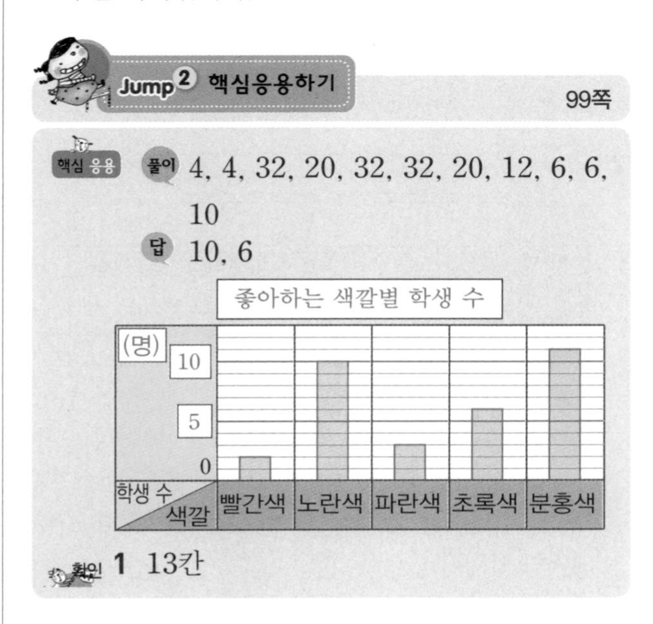

Jump② 핵심응용하기 99쪽

핵심 응용 풀이 4, 4, 32, 20, 32, 32, 20, 12, 6, 6, 10
답 10, 6

확인 **1** 13칸

1 가로 눈금 10칸이 50점을 나타내므로 가로 눈금 한 칸은 5점을 나타냅니다.
따라서 65점은 50점보다 3칸 더 많이 나타내어야 하므로 13칸으로 나타내어야 합니다.

100~105쪽

1 4 kg

2

신영이네 가족의 몸무게

가족 \ 몸무게	0	20	40	60	80 (kg)
아버지					
어머니					
오빠					
신영					

3 44명

4 1 km 400 m

5 3배

6 오후 4시 30분

7 4 L 500 mL

8 간식의 수: 36개, 간식별 비용: 54000원

9 가장 비싼 것: 과자, 가장 싼 것: 빵

10 7800원

11 4장, 22장

12 3명

13 21, 15, 12, 27, 12, 18, 105

14 6명

15 12박스

16 5칸

17 13일

18 8번

1 막대그래프는 적어도 72 kg까지는 나타내야 합니다.
따라서 막대그래프에서 세로 눈금 한 칸의 크기를 3 kg으로 하면 60 kg까지만 나타낼 수 있으므로 세로 눈금 한 칸은 적어도 4 kg을 나타내어야 합니다.

2

신영이네 가족의 몸무게

가족 \ 몸무게	0	20	40	60	80 (kg)
아버지					
어머니					
오빠					
신영					

가로 눈금 한 칸의 크기는 4 kg입니다. 따라서 아버지의 몸무게는 72 kg이므로 18칸, 어머니의 몸무게는 56 kg이므로 14칸, 오빠는 64 kg이므로 16칸, 신영이는 28 kg이므로 7칸으로 각각 나타내어야 합니다.

3 (비석치기와 투호놀이를 해 보고 싶은 학생 수)
$=128-32-24=72$(명)
비석치기를 해 보고 싶은 학생 수를 □명이라고 하면 투호놀이를 해 보고 싶은 학생 수는
(□+16)(명)입니다.
□+□+16=72, □+□=56, □=28이므로 투호놀이를 해 보고 싶은 학생 수는
$28+16=44$(명)입니다.

4 세로 눈금 5칸이 1 km이므로 눈금 한 칸은 200 m를 나타내고 약국의 막대의 길이가 문구점의 막대의 길이보다 7칸 더 길기 때문에 학교에서 약국까지의 거리는 문구점까지의 거리보다
$200\times7=1400$(m), 즉 1 km 400 m 더 멉니다.

5 학교에서 약국까지의 거리는 2400 m이고 학교에서 도서관까지의 거리는 800 m입니다.
따라서 $2400\div800=3$(배)입니다.

6 학교에서 은행까지의 거리는
1 km 800 m=1800 m이고 5분 동안 300 m를 걸으므로 1800 m는 $5\times6=30$(분) 동안 갈 수 있습니다.
따라서 오후 5시에 은행에 도착하려면 오후 4시 30분에 학교에서 출발해야 합니다.

7 월요일부터 목요일까지 마신 우유의 양은
$800+1600+1200+1800=5400$(mL)입니다.
따라서 금요일부터 일요일까지 마신 우유의 양은
5400 mL의 $\frac{5}{6}$인 4500 mL, 즉 4 L 500 mL입니다.

8 과자: 6개, 아이스크림: 10개, 빵: 8개, 음료수: 12개
➡ (간식의 수)$=6+10+8+12=36$(개)
과자: 12000원, 아이스크림: 14000원, 빵: 10000원, 음료수: 18000원
➡ (간식별 비용)$=12000+14000+10000+18000$
$=54000$(원)

9 (과자 한 개의 가격)$=12000\div6=2000$(원),
(아이스크림 한 개의 가격)$=14000\div10$
$=1400$(원),
(빵 한 개의 가격)$=10000\div8=1250$(원),
(음료수 한 개의 가격)$=18000\div12=1500$(원)
따라서 가장 비싼 것은 과자이고 가장 싼 것은 빵입니다.

10 (과자 4개의 가격)$=2000\times4=8000$(원),
(아이스크림 3개의 가격)$=1400\times3$
$=4200$(원),
(빵 2개의 가격)$=1250\times2=2500$(원),
(음료수 5개의 가격)$=1500\times5=7500$(원)
따라서 모두
$8000+4200+2500+7500=22200$(원)이므로 $30000-22200=7800$(원)이 남습니다.

11 빨간 색종이: 20장, 파란 색종이: 10장,
노란 색종이: 12장, 보라 색종이: 6장
① 빨간 색종이가 가장 많은 경우
➡ (초록 색종이 수)$=20-16=4$(장)
② 보라 색종이가 가장 적은 경우
➡ (초록 색종이 수)$=6+16=22$(장)

12 막대가 나타내는 전체 눈금의 칸 수를 세어 보면
$7+5+4+9+4+6=35$(칸)이고
105명을 나타내므로 세로 눈금 한 칸은
$35\times\square=105$, $\square=3$(명)을 나타냅니다.

13 세로 눈금 한 칸이 3명을 나타내므로
1반: $3\times7=21$(명), 2반: $3\times5=15$(명),
3반: $3\times4=12$(명), 4반: $3\times9=27$(명),
5반: $3\times4=12$(명), 6반: $3\times6=18$(명)
입니다.

14 2000원씩 모은 성금액은
$102000-(1000\times5+3000\times11$
$+4000\times8+5000\times4)=12000$(원)입니다.
따라서 2000원씩 낸 학생은
$12000\div2000=6$(명)입니다.

15 매장별로 막대그래프의 막대 눈금 수를 구해 보면 다음과 같습니다.
★ 매장: $9+7=16$(칸),
● 매장: $6+9=15$(칸),
■ 매장: $10+7=17$(칸),
▲ 매장: $7+11=18$(칸)
전체 막대 눈금 수는
$16+15+17+18=66$(칸)입니다.
가로 눈금 한 칸이 나타내는 치킨 박스 수를 □개라고 하면 $66\times\square=264$(박스), $\square=4$이므로 눈금 한 칸은 4박스를 나타냅니다.
치킨 판매량이 가장 많은 매장은 ▲ 매장으로 $(7+11)\times4=72$(박스), 치킨 판매량이 가장 적은 매장은 ● 매장으로 $(6+9)\times4=60$(박스)입니다. 따라서 두 매장에서 판매한 치킨 판매량의 차는 $72-60=12$(박스)입니다.

16 • (슈크림 붕어빵의 개수)$=4\times8=32$(개)
• (초코 붕어빵의 개수)$=24000\div1000=24$(개)
• (팥 붕어빵과 고구마 붕어빵의 개수의 합)
$=136-(32+24)=80$(개)
이때 팥 붕어빵의 개수는 고구마 붕어빵의 개수의 3배이므로 고구마 붕어빵의 개수는
$80\div4=20$(개)입니다.
따라서 고구마 붕어빵 20개를 나타내기 위해서는 세로 눈금이 5칸 필요합니다.

17 세로 눈금 한 칸이 2일을 나타내므로 '좋음'인 날은 4월은 12일, 5월은 10일, 6월은 □일, 7월은 $(\square+4)$일입니다.
$12+10+\square+\square+4=54$, $\square+\square=28$,
$\square=14$이므로 6월은 14일, 7월은 18일입니다.
7월은 31일까지 있으므로 미세먼지 농도가 좋지 않은 날수는 $31-18=13$(일)입니다.

18 • (3과 5의 눈이 나온 횟수의 합)
$=30-3-4-6-4=13$(번)
• (3과 5의 눈으로 받을 수 있는 점수의 합)
$=108-(1\times3)-(2\times4)-(4\times6)-(6\times4)$
$=49$
• (3의 눈이 나온 횟수)$=(13\times5-49)\div(5-3)$
$=(65-49)\div2$
$=16\div2=8$(번)

Jump 4 왽중왕문제 106~111쪽

1 6학년 5반
2 200, 효근이네 학교의 1학년부터 6학년까지 강아지를 기르는 학생 수
3 20회
4 2650명
5 32분
6 회전목마, 바이킹
7 60명
8 상연, 70점
9 64권
10 9명
11 624개
12 6명
13 26개
14 26점
15 27가지

1 강아지를 기르는 학생 수가 가장 많은 반은 6학년 5반으로 14명입니다.

2 ㉠은 1학년부터 6학년까지 강아지를 기르는 학생 수를 나타내므로
$26+26+36+35+37+40=200$입니다.

3 • (막대의 칸 수)$=7+5+4+8=24$(칸)
• (한 칸의 칭찬스티커 수)$=600\div24=25$(개)
• (한 칸의 심부름 횟수)$=25\div5=5$(회)
따라서 심부름을 가장 많이 한 달과 가장 적게 한 달의 심부름 횟수의 차는
$(8-4)\times5=4\times5=20$(회)입니다.

4 그림그래프를 보면 회전목마를 기다리는 사람은 650명, 범퍼카를 기다리는 사람은 480명, 청룡열차를 기다리는 사람은 720명, 바이킹을 기다리는 사람은 800명입니다.
따라서 네 놀이 기구를 기다리는 사람은 모두
$650+480+720+800=2650$(명)입니다.

5 바이킹은 한 번에 50명까지 탈 수 있으므로 800명이 모두 다 타려면 $800\div50=16$(번) 움직여야 합니다.
따라서 800명이 모두 다 타려면 $16\times2=32$(분)이 걸립니다.

6 석기의 동생의 키는 $125-14=111$(cm)이므로 석기가 동생과 함께 탈 수 있는 놀이 기구는 회전목마와 바이킹입니다.

7 범퍼카를 타려는 사람의 $\frac{7}{16}$이 여자이므로
$1-\frac{7}{16}=\frac{16}{16}-\frac{7}{16}=\frac{9}{16}$는 남자입니다.
범퍼카를 타려는 남자 수와 여자 수의 차는
$\frac{9}{16}-\frac{7}{16}=\frac{2}{16}$입니다.
따라서 범퍼카를 타려는 사람이 480명이므로 남자는 여자보다 $480\div16\times2=30\times2=60$(명) 더 많습니다.

8 맞은 문제 수는 효근 3, 신영 4, 상연 7, 예슬 2, 석기 6이므로 상연이가 가장 높은 점수이고 이때의 점수는
$50+5\times7-3\times5=50+35-15=70$(점)입니다.

9 눈금 한 칸은 4권을 나타냅니다.
1반이 모은 책은 32권이므로 2반이 모은 책은 $32+12=44$(권)입니다.
4반이 모은 책은 28권이므로 3반이 모은 책은 $28-8=20$(권)입니다.
따라서 2반과 3반이 모은 책의 수의 합은
$44+20=64$(권)입니다.

10 (감)$+$(포도)$+$(수박)$=38-(8+9)=21$(명)
수박을 좋아하는 학생의 최대 수를 구해야 하기 때문에 포도를 좋아하는 학생을 1명이라고 가정합니다.
(감)$+$(수박)$=21-1=20$(명)이므로 감의 개수가 가장 많고 수박의 수가 최대가 되기 위해서는 감이 11명, 수박이 9명이어야 합니다.

11 • (막대 칸 수의 합)$=9+7+13+11=40$(칸)
• (가로 눈금 한 칸의 크기)$=160\div40=4$(개)
• (감을 포장한 상자의 개수)$=13\times4=52$(개)
• (상자에 포장된 감의 개수)$=52\times12=624$(개)

12 20점은 1번만 맞힌 경우이고, 30점은 2번만 맞힌 경우입니다.
50점은 1번과 2번을 맞힌 경우와 3번만 맞힌 경우에 해당합니다.
70점은 1번과 3번, 80점은 2번과 3번, 100점은 1번, 2번, 3번 문제를 모두 맞힌 경우입니다.
두 문제만 맞힌 학생 수가 18명이므로
$18-(8+5)=5$(명)이고 이것은 50점을 받은 학생 수 중에서 1번과 2번을 맞힌 학생 수입니다.
3번만 맞힌 학생 수를 □명이라고 하면
$(20\times10)+(30\times7)+(50\times\square)$
$=(50\times5)+(70\times8)+(80\times5)$
$+(100\times3)-800$,
$50\times\square=710-410=300$, $\square=6$
따라서 3번만 맞힌 학생은 6명입니다.

13 세로 눈금 한 칸은 2문제를 나타냅니다.
민섭이가 얻은 점수: $14\times5+18\times3=124$(점),
다슬이가 얻은 점수: $6\times5+8\times3=54$(점)
재현이가 얻은 점수를 □라고 하면
$124+\square+\square+50+54=400$,
$\square+\square=172$, $\square=86$입니다.
재현이가 얻은 점수는 86점이고 재현이가 5점짜리를 맞혀 얻은 점수는 50점이므로 재현이가 3점짜리를 맞혀 얻은 점수는 36점입니다.

그러므로 재현이가 맞힌 3점짜리 문제의 개수는 $36 \div 3 = 12$(개)입니다. 민섭이가 3점짜리 문제를 맞혀 얻은 점수는 54점이므로 건희가 3점짜리 문제를 맞혀 얻은 점수는 66점입니다.
건희가 얻은 점수는 재현이가 얻은 점수보다 50점이 많으므로 $86+50=136$(점)으로 건희가 5점짜리를 맞혀 얻은 점수는 $136-66=70$(점)입니다. 그러므로 건희가 맞힌 5점짜리 문제의 개수는 $70 \div 5 = 14$(개)입니다.
따라서 재현이가 맞힌 3점짜리 문제의 개수와 건희가 맞힌 5점짜리 문제의 개수의 합은
$12+14=26$(개)입니다.

14 미소가 넣은 콩주머니의 수: $20-14=6$(개),
기영이가 넣은 콩주머니의 수: $20-2=18$(개),
용호가 넣은 콩주머니의 수: 16개,
나연이가 넣은 콩주머니의 수를 $\square$개라고 하면
$60+\square\times10-(20-\square)\times3=156$,
$13\times\square=156$, $\square=12$
콩주머니를 가장 많이 넣은 사람은 기영이고, 두 번째로 많이 넣은 사람은 용호이므로 두 사람의 점수의 차는
$(60+18\times10-2\times3)$
$-(60+16\times10-4\times3)$
$=234-208=26$(점)입니다.

15 조건 ②에서 앞의 과정과 뒤의 과정의 합격자 수가 달라야 하므로 6과정의 합격자 수는 2명, 3명, 4명 중 하나입니다.
7과정의 합격자 수는 6과정의 합격자 수와 달라야 하므로 6과정에서 2명일 때 1, 3, 4(명)으로 3가지, 3명일 때 1, 2, 4(명)으로 3가지, 4명일 때 1, 2, 3(명)으로 3가지가 되어 모두 9가지입니다.
따라서 8과정의 합격자 수는 7과정의 9가지 중 모두 3가지씩 일어날 수 있으므로 6, 7, 8 과정이 모두 끝났을 때 완성할 수 있는 그래프는
$9\times3=27$(가지)입니다.

Jump 5 영재교육원 입시대비문제

112쪽

1 캐나다, 독일, 미국, 노르웨이, 대한민국

2 〈주사위의 눈이 나온 횟수〉

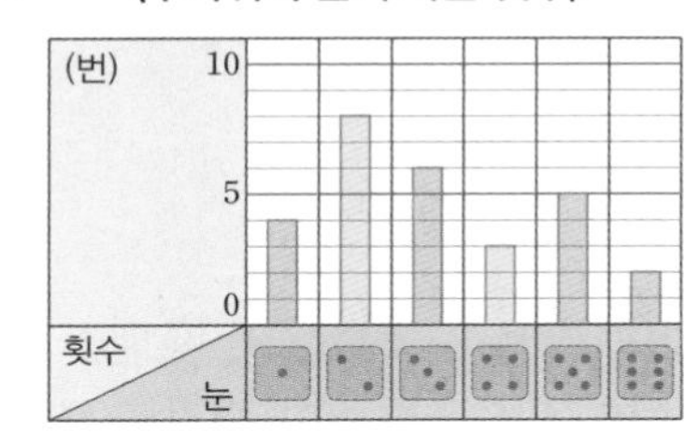

1 • 금메달 순위: 캐나다 > 독일 > (미국, 노르웨이) > 대한민국
• 미국과 노르웨이의 은메달 순위: 미국 > 노르웨이
따라서 1위는 캐나다, 2위는 독일, 3위는 미국, 4위는 노르웨이, 5위는 대한민국입니다.

2 〈주사위의 눈이 나온 횟수〉

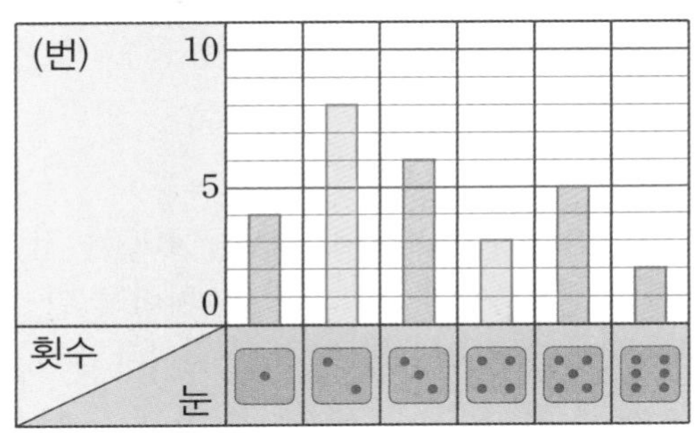

주사위 눈 2가 나온 횟수를 $\square$번, 주사위 눈 4가 나온 횟수를 $\bigcirc$번이라고 하면
$4+\square+6+\bigcirc+5+2=28$(번)이므로
$\square+\bigcirc=11$이고 전체 나온 눈의 수의 합이 87이므로
$(1\times4)+(2\times\square)+(3\times6)+(4\times\bigcirc)$
$+(5\times5)+(6\times2)=87$,
$2\times\square+4\times\bigcirc=28$입니다.
표를 만들어 $\square$와 $\bigcirc$를 예상하고 확인해 보면 다음과 같습니다.

2의 눈이 나온 횟수(번)	3	4	5	6	7	8
4의 눈이 나온 횟수(번)	8	7	6	5	4	3
2 또는 4의 눈이 나온 눈의 수의 합	38	36	34	32	30	28

따라서 2의 눈은 8번, 4의 눈은 3번 나왔으므로 막대그래프에 ⚁ 의 눈은 8칸, ⚃ 의 눈은 3칸이 되도록 그립니다.

6 규칙 찾기

114쪽

1 Q5, Q6　　2 3840
3 ㉠: 1603, ㉡: 1849　4 3568

1 상연이와 아버지의 좌석의 가로줄은 차례로 Q1, Q2, Q3, Q4, Q5, Q6, Q7이고 색칠한 부분은 Q5, Q6입니다.

2 15부터 시작하여 4씩 곱한 수가 오른쪽에 있습니다.
따라서 빈칸에 알맞은 수는 $960 \times 4 = 3840$입니다.

3 $1357 - 1234 = 123$, $1480 - 1357 = 123$이므로 1234부터 시작하여 123씩 커지는 규칙이 있습니다.
㉠$= 1480 + 123 = 1603$,
㉡$= 1726 + 123 = 1849$

4 규칙을 찾아보면 50, 100, 200, 400씩 커지는 규칙으로 전보다 2배씩 커집니다. 따라서 빈 곳에 알맞은 수는 $2768 + 800 = 3568$입니다.

115쪽

핵심 응용 풀이 12, 14, 16, 12, 14, 16, 200, 300, 400, 200, 300, 400, 212, 314, 416, 212, 314, 416, 212, 110, 110, 2041
답 2041

확인 1 ㉮: 600, ㉯: 12000　2 5298

1 오른쪽의 수는 왼쪽 수를 2로 나눈 몫입니다.
㉮$= 1200 \div 2 = 600$, ㉯$= 24000 \div 2 = 12000$

2 $6000 - 5877 = 123$, $5877 - 5643 = 234$이므로 123, 234, 345, 456씩 작아지는 규칙입니다. 따라서 빈 곳에 알맞은 수는 $5643 - 345 = 5298$입니다.

116쪽

1 (1) 6 (2) 5
2 (1) = (2) > (3) =
3 ㉠

3 ㉠ $59 - 26 = 33$ ➡ $\square = 15 + 33 = 48$
㉡ $54 \div 18 = 3$ ➡ $\square = 15 \times 3 = 45$
㉢ $12 - 6 = 6$ ➡ $\square = 37 + 6 = 43$
따라서 □ 안에 알맞은 수가 가장 큰 것은 ㉠입니다.

117쪽

핵심 응용 풀이 24, 24, 168, 19, 19, 171, 171, 168, 유승
답 유승

확인 1 (1) 28 (2) 38 (3) 48 (4) 38
2 4개

2 $7 \times 80 = 14 \times 40 = 28 \times 20 = 35 \times 16$
$= 56 \times 10 = 112 \times 5 = 140 \times 4$
따라서 알맞은 곱셈식은 ㉡, ㉢, ㉣, ㉤으로 4개입니다.

Jump 1 핵심알기

118쪽

1 10개　　2 40개
3 1700원

1 2개부터 시작하여 가로와 세로로 1개씩 늘어나는 규칙입니다. ➡ 다섯째: $2 \times 5 = 10$(개)

2 5, 10, 15, ...이므로 공깃돌이 5개씩 많아지고 있습니다. 따라서 여덟째 모양에는 공깃돌을 $5 \times 8 = 40$(개) 놓아야 합니다.

3 뒤의 동전의 수가 앞의 동전의 수보다 3개씩 많아지는 규칙입니다.
따라서 다섯째에 놓일 동전은 $5 + 3 \times 4 = 5 + 12 = 17$(개)이므로 모두 1700원입니다.

Jump 2 핵심응용하기 119쪽

핵심 응용 풀이 5, 5, 7, 9, 11, 13, 15, 64, 4, 4, 5, 6, 7, 8, 9, 45, 64, 45, 19

답 19개

확인 1 87개   2 8개

1 앞의 유리컵 수보다 뒤의 유리컵 수가 3개씩 많아지는 규칙입니다.
따라서 여섯째까지 유리컵을 놓으려면 유리컵은 모두
$7+10+13+16+19+22=29\times3$
$=87$(개)
필요합니다.

2 여덟째에 놓일 바둑돌의 수는
$1+3+5+7+9+11+13+15=64$(개)입니다.
64개의 바둑돌 중에서 흰 바둑돌의 수는
$1+5+9+13=28$(개), 검은 바둑돌의 수는
$3+7+11+15=36$(개)입니다.
따라서 검은 바둑돌은 흰 바둑돌보다
$36-28=8$(개) 더 많습니다.

Jump 1 핵심알기 120쪽

1 36   2 8×1000007
3 3, 3, 183, 203

1 $1+2+3+4+5+6+5+4+3+2+1=36$

2 곱셈식에서 1과 7 사이의 0의 개수보다 8과 5 사이의 0의 개수는 1개 적습니다.
따라서 8과 5 사이의 0의 개수가 4개이면 1과 7 사이의 0의 개수는 5개입니다.
➡ $8\times1000007=8000056$

3 연속하는 세 홀수의 합은 (가운데 수)$\times3$을 이용하여 구할 수 있습니다.

Jump 2 핵심응용하기 121쪽

핵심 응용 풀이 1, 2, 3, 1, 6, 5, 2999997, 8, 9, 999999999

답 ㉠ 2999997 ㉡ 999999999

확인 1 69999993
2 45, 100, 495, 1000, 4995, 10000, 49995

1 $7\times9=63$, $7\times99=693$, $7\times999=6993$, ...이므로 곱하는 수의 9의 개수가 7개일 때 두 수의 곱에는 6과 3 사이에 9가 6개 놓여야 합니다.

Jump 3 왕문제 122~127쪽

1 250	2 90개
3 619	4 25개
5 4	
6 (1) 8217 (2) 54754524 (3) 386999613	
7 81개	8 ㄱ: 13, ㄴ: 21
9 25개	10 31도막
11 17번	12 50번
13 379	14 15
15 204개	16 63개
17 6	18 2356
19 1275개	

1 2 → 10 → 26 → 58 → 122 → ㉮ → 506
(차: 8, 16, 32, 64, 128, 256)
따라서 ㉮$=122+128=250$입니다.

2 첫째: $1\times1-0=1$, 둘째: $2\times2-2=2$,
셋째: $3\times3-3=6$, 넷째: $4\times4-4=12$
따라서 10번째에 놓이는 검은 바둑돌은
$10\times10-10=100-10=90$(개)입니다.

3 첫째: 25
둘째: $25+6\times1=25+6=31$
셋째: $25+6\times2=25+12=37$
넷째: $25+6\times3=25+18=43$
⋮

따라서 100번째에 올 수는

$25+6\times99=25+594=619$입니다.

4 첫째: 0, 둘째: 1, 셋째: 4, 넷째: 9
따라서 다섯째는 $4\times4=16$(개),
여섯째는 $5\times5=25$(개)를 찾을 수 있습니다.

5 일정한 크기로 $45-20=25$(번) 뛰어 세기 하면 $235-135=100$만큼 커지므로 $100\div25=4$씩 커지는 규칙입니다.

7 처음에 육각형과 사각형을 1개씩 만들기 위해서는 9개의 면봉이 있어야 하고 다음부터는 8개씩 증가합니다.
➡ $9+8\times9=81$(개)

8 앞의 두 수의 합이 다음 수가 되는 규칙입니다.
ㄱ에 들어갈 수는 $5+8=13$이며, ㄴ에 들어갈 수는 $55-34=21$입니다.
따라서 수를 규칙적으로 배열하면 1, 1, 2, 3, 5, 8, 13, 21, 34, 55입니다.

9

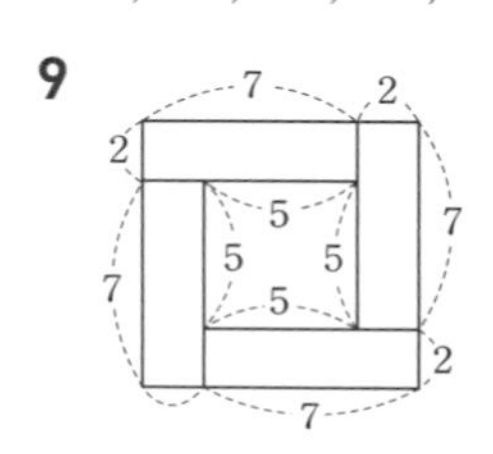

왼쪽과 같이 56개의 바둑돌을 4등분 하여 생각하면
$56\div4=14$(개)씩이므로
$14\div2+2=9$에서 바깥쪽 한 변에 놓이는 바둑돌의 개수는 9개입니다.
따라서 속을 채우는 데 필요한 바둑돌의 개수는
$9-2\times2=5$에서 $5\times5=25$(개)입니다.

10 4도막, 7도막, 10도막, 13도막, ...에서
$4=3\times1+1$, $7=3\times2+1$, $10=3\times3+1$, $13=3\times4+1$이므로 10번 자르면
$3\times10+1=30+1=31$(도막)으로 나누어집니다.

11 $3\times16+1=49$, $3\times17+1=52$이므로 적어도 17번 잘라야 합니다.

12 자른 횟수를 □번이라고 하면
$3\times□+1=151$, $3\times□=150$, $□=50$
따라서 50번 잘랐습니다.

13 규칙을 찾아 10번째 놓이는 수를 알아봅니다.
$1=1\times2-1$
$11=3\times4-1$
$29=5\times6-1$
$55=7\times8-1$
$89=9\times10-1$
따라서 10번째 놓이는 수는
(10번째 홀수)×(10번째 짝수)−1이므로
$19\times20-1=380-1=379$입니다.

14 $1+2+3=2\times3$ (2: 가운데 수, 3: 더한 갯수)
$1+2+3+4+5=3\times5$ (3: 가운데 수, 5: 더한 갯수)
6과 34의 가운데 수는 $(6+34)\div2=20$이고 더한 짝수의 개수는 15개이므로 $□=15$입니다.

15 8층에 1개, 7층에 $2\times2=4$(개), 6층에 $3\times3=9$(개), 5층에 $4\times4=16$(개), ...이므로 8층까지 쌓을 때 필요한 쌓기나무는 모두
$1+4+9+16+25+36+49+64=204$(개)
입니다.

16 성냥개비의 수가 3, 9, 18, ...로 6개, 9개, ...씩 늘어나므로 여섯째에 필요한 성냥개비는
$3+6+9+12+15+18=63$(개)입니다.

17 ㉠에서 $(2+3)\times5=25$,
㉡에서 $(3+4)\times6=42$
이므로 앞의 두 수를 더한 후 뒤의 수를 곱한 곱을 아래에 쓰는 규칙입니다.
따라서 $(6+㉮)\times7=84$에서 $6+㉮=12$,
$㉮=6$입니다.

18 $□=(1+3+5+\cdots+99)$
$-(1+3+5+\cdots+23)$
$□=50\times50-12\times12$
$=2500-144=2356$

19 첫째: 1, 둘째: $1+2=3$, 셋째: $1+2+3=6$
이므로 50번째 도형에서 색칠한 삼각형의 개수는
$1+2+3+\cdots+50=(1+50)\times50\div2$
$=1275$(개)입니다.

Jump④ 왕중왕문제

128~133쪽

1	3025	**2**	150
3	392	**4**	8개
5	40개	**6**	아홉째
7	10개	**8**	256

9 11번째	**10** 70
11 4	**12** 46
13 6열	**14** 757
15 71개	**16** 196장
17 1335	**18** ◈
19 37개	

1 • $1\times1\times1+2\times2\times2=9=(1+2)\times(1+2)$
• $1\times1\times1+2\times2\times2+3\times3\times3$
$=36=(1+2+3)\times(1+2+3)$
• $1\times1\times1+2\times2\times2+3\times3\times3+4\times4\times4$
$=100=(1+2+3+4)\times(1+2+3+4)$
➡ $(1\times1\times1+2\times2\times2+\cdots+10\times10\times10)$
$=(1+2+3+\cdots+10)$
$\times(1+2+3+\cdots+10)$
$=55\times55=3025$

2 $6=6\times1$, $24=6\times4$, $54=6\times9$, $96=6\times16$, ★$=6\times$□, $216=6\times36$이므로 1, 4, 9, 16, □, 36에서 □$=25$입니다.
따라서 ★$=6\times25=150$입니다.

다른 풀이
$6=2\times3$, $24=4\times6$, $54=6\times9$, $96=8\times12$에서 곱해지는 수는 2씩 커지고 곱하는 수는 3씩 커지는 규칙입니다. 따라서
★$=(8+2)\times(12+3)=10\times15=150$
입니다.

3 일정한 크기로 $50-30=20$(번) 뛰어 세기 하면 $242-182=60$만큼 커지므로 $60\div20=3$씩 뛰어 세기 하는 것입니다. 따라서 100번째 수는 50번째 수에서 50번 뛰어 세기 한 것이므로 $242+3\times50=242+150=392$입니다.

4 둘째 그림에서 분홍색 타일은 4개, 흰색 타일은 12개이므로 8개 더 필요합니다.

5 흰색 타일로 분홍색 타일을 한 번 둘러쌀 때마다 흰색 타일은 분홍색 타일보다 8개씩 더 필요하므로 둘째는 8개, 넷째는 $8\times2=16$(개),
여섯째는 $8\times3=24$(개),
여덟째는 $8\times4=32$(개),
10번째는 $8\times5=40$(개) 더 필요합니다.
따라서 흰색 타일은 분홍색 타일보다 40개 더 많습니다.

6 분홍색 타일이 흰색 타일보다 많은 때는 홀수째 번입니다.
첫째: 4개, 셋째: $4+8=12$(개),
다섯째: $4+8\times2=4+16=20$(개),
일곱째: $4+8\times3=4+24=28$(개),
아홉째: $4+8\times4=4+32=36$(개) 더 많으므로 아홉째입니다.

7 • 평면이 가장 적은 경우는 직선이 서로 만나지 않을 때이므로 $5+1=6$(개)입니다.
• 평면이 가장 많은 경우
직선이 1개일 때: 2개
직선이 2개일 때: 4개 (2개)
직선이 3개일 때: 7개 (3개)
직선이 4개일 때: 11개 (4개)
직선이 5개일 때: 16개 (5개)
➡ $16-6=10$(개)

8 각 줄의 수의 합에서 규칙을 찾습니다.
첫째 줄의 수의 합: 2
둘째 줄의 수의 합: $4=2\times2$
셋째 줄의 수의 합: $8=2\times2\times2$
넷째 줄의 수의 합: $16=2\times2\times2\times2$
⋮
따라서 여덟째 줄의 수들의 합은
$2\times2\times2\times2\times2\times2\times2\times2=256$입니다.

9 여덟째 줄의 수들의 합이 256이므로 아홉째 줄은 $256\times2=512$, 10번째 줄은 $512\times2=1024$, 11번째 줄은 $1024\times2=2048$입니다.
따라서 11번째 줄입니다.

10 가+나+다+라+마=다$\times5=360$에서
다$=360\div5=72$입니다.
따라서 가$=72-2=70$입니다.

11 6보다 큰 수는 6으로 나눈 나머지를 쓰고, 6보다 작은 수는 그대로 쓰는 규칙입니다.
$40\div6=6\cdots4$이므로 □ 안에 알맞은 수는 4입니다.

12

1열	2열	3열	4열	5열	...	10열
1	2	4	7	11	...	□

+1 +2 +3 +4 … +9

따라서 10열의 첫째 수는
$1+(1+2+3+\cdots+9)=46$입니다.

13 각 열의 첫째 수를 알아보면

10열	11열	12열	13열	14열
46	56	67	79	92

+10 +11 +12 +13

14열의 첫째 수가 92이므로 93→13열, 94→12열, 95→11열, 96→10열, 97→9열, 98→8열, 99→7열, 100→6열입니다.

14 각 묶음의 마지막 수는

1　4　9　16　...
↑　↑　↑　↑
(1×1) (2×2) (3×3) (4×4) ...

따라서 27번째 묶음의 마지막 수는
$27\times27=729$이고, 28번째 묶음의 28번째 수는
$729+28=757$입니다.

15 둘째 점의 개수는 2개
셋째 점의 개수는 5개 (+3개)
넷째 점의 개수는 8개 (+3개)
점의 개수를 규칙적으로 나열하면 0, 2, 5, 8, 11, 14, 17, 20, ...입니다.
따라서 25번째 점의 개수는
$2+3\times23=2+69=71$(개)입니다.

16 색종이가 1장일 때 누름 못은 4개, 색종이가 4장일 때 누름 못은 9개, 색종이가 9장일 때 누름 못은 16개, 색종이 □장일 때 누름 못은 225개이므로 4, 9, 16, 25, 36, 49, ..., 225의 수의 배열을 생각합니다.
$4=2\times2$, $9=3\times3$, $16=4\times4$,
$225=15\times15$이므로 $15-1=14$(번째) 그림입니다.
따라서 누름 못이 225개 박힐 때에 연결된 색종이의 수는 $14\times14=196$(장)입니다.

17 3씩 증가하므로 문제의 수의 배열을 다음과 같이 나타내면

1, 4, 7, 10, 13, ⋯, [30번째]
↓　↓　↓　↓　↓　　　↓
3, 6, 9, 12, 15, ⋯,　　90

30번째 수는 $90-2=88$입니다.
따라서 합은
$(1+88)\times30\div2=89\times30\div2$
$=2670\div2=1335$입니다.

다른 풀이
30번째의 수는
$1+3\times29=1+87=88$이므로 합은
$(1+88)\times30\div2=89\times30\div2$
$=2670\div2=1335$입니다.

18 바깥쪽 모양은 □, △, ○가 반복되고
$30\div3=10$이므로 30번째 바깥쪽 모양은 ○입니다.
또한 안쪽의 모양은 ♣, ◆, ♥, ♠이 반복되고
$30\div4=7\cdots2$이므로 안쪽의 모양은 ◆입니다.
따라서 30번째에 놓일 모양은 ◈입니다.

19

삼각형을 위와 같이 묶으면 삼각형 4개를 묶은 묶음은 4개이고 처음 삼각형 2개와 마지막 삼각형 2개를 만드는 것을 생각합니다.
따라서 성냥개비는 적어도
$5+7+7+7+7+4=37$(개)가 필요합니다.

Jump 5 영재교육원 입시대비문제 134쪽

1 가장 큰 수: 486, 가장 작은 수: 28
2 512개

1 6부터 거꾸로 생각합니다. ★이 될 수 있는 가장 큰 수는 [486] → [162] → [54] → [18] → [6]에서 486이고 가장 작은 수는 다음과 같이 생각할 수 있습니다.
[32] → [30] → [10] → [8] → [6],
[66] → [22] → [20] → [18] → [6],
[28] → [26] → [24] → [8] → [6]
따라서 ★이 될 수 있는 가장 큰 수는 486, 가장 작은 수는 28입니다.

2 1　2　4　8　16　...
×2 ×2 ×2 ×2
따라서 10번째 모양에서
$1\times(2\times2\times2\times2\times2\times2\times2\times2\times2)$
$=512$(개)입니다.